新潮文庫

# そもそも島に進化あり

新潮社版

11777

# はじめに

## ここに海終わり、島始まる

ご存知ないかもしれないが、あなたは島を愛している。

きっとあなたにも愛する人がいるにちがいない。その人は、しばしば国産の作物を口にすることだろう。日本は島国、どこをどうとっても100%島でできている。そして作物は日本の大地、すなわち島を栄養としてできている、いわば島そのものだ。島を食べているのだから、愛する人の体も島でできている。

あなたが愛しているのは、恋人の形をした島である。

愛する対象は、浪花家総本店のたいやきかもしれないし、わかばのたいやきかもしれないし、柳屋の鯛焼かもしれない。食料自給率が40%を割り込んだ昨今とはいえ、やはりいずれも島を内包していることに変わりない。あなたは島を愛している。

無論、これは詭弁だ。

しかし、嘘も百年いい続ければ本人も信じるようになる。だからいい続けたい。私が島を愛するように、あなたにも島を好きになってほしいから。

私は島が大好きだ。これは研究者にありがちな特殊な趣味というわけではない。ハワイ、グアム、サイパン、セーシェル、モルディブ……旅行代理店に足を運ぶと世界の島々が私を誘惑してくる。島の面積は世界の陸地の約5％にすぎないが、パンフレット面積は約50％を占めている。どれだけ日本人が島を愛しているかがわかろうというものだ。

気がつくと人々はまんまと島を訪れ、ビーチに舞い降り、ヒザまで水に浸かりながら、水の掛け合いっこに興じている。泳げなくて浮き輪ではにかむ姿も微笑ましい。さて、そんな浮かれポンチな皆さんに大切なことを教えてあげよう。

「そこは、島ではありません。」

多くの島のパンフレットで青い海がイチオシで主張されている。確かに、島とは海に囲まれて孤立した陸地のことで、島に海という要素は不可欠である。これはまちがいないことだ。だが、よく考えてみてほしい。海は島の外側にあるものである。

島とは、あくまでも海岸線から内側の陸地のことであり、海なんて外装にすぎない。黄桜で例えるならば、海はカッパ姐（ねえ）さんで陸はお酒である。姐さんは大好きだが、そこはあくまで主と従の関係、島にとって海とはそういうものだ。

にもかかわらず現実は厳しい。白い砂浜、青い珊瑚礁（さんごしょう）、海にしずむ夕日、そんな海由来の魅力への抵抗は並大抵の努力では成し得ない。なにしろ、世の中的に島といえば海のイメージばかりが先行している。しかし、私が生物学者として真に魅力を感じるのは、そのユニークな陸上生態系の方である。

これより本書において、紳士淑女の皆さんの耳に火星人が群生するまで繰り返し述べる予定だが、島とは海により隔離された陸地である。海とは一夏の恋の舞台ではなく、島という閉じた世界を外界から断ち切る障壁にほかならない。どんなに陸地を縦横無尽に移動することができる生物も、海を越える術をもたなければ島には入れない。憧れのスーパーカー、ランボルギーニ・カウンタックも真っ赤なポルシェも、島を目指す探検家にとって足こぎスワンボート以下のポンコツでしかない。それが海なのだ。

ただただ移動能力に恵まれた生物のみが到着することができる。選ばれし者が闊歩（かっぽ）するその世界の入口は狭い。捕食者や競争者も欠如し、俄然（がぜん）ユニークな進化が生じる。一方で狭い陸地では狭さゆえに安易に絶滅が起こる。そのおかげで、島では独特の生物相ができあがる。進化と絶滅、創造と破壊、原初と終末、福音と破滅、これこそが島の真骨頂である。

ニュージーランドではキーウィが空を忘れ、ガラパゴスではゾウガメがたわわに実り、ハワイではフラダンスが悩殺する。私たちが島で目にするキャストたちは、島という特殊な環境で長い時間をかけて進化してきた生き証人である。一方で、その背後には適応に至らなかった目に見えぬ無数の絶滅が横たわる。

不思議だわ、かわいいわと、無性に彼らを愛でることも島の楽しみ方の一つである。しかし、その不思議がなぜ島にのみ存在するのかを思索することは、島の楽しみをいや増してくれる。これこそが私の島だ。

この「島」という現象は、さまざまな生物を介して目の当たりにすることができる。しかし、残念ながらそれと意識せずに通りすぎていることも多いだろう。私たち日本人は日本にいる限り島の人である。だからこそ、島の生物の魅力を見直してほしい。私は、小さな親切で大きなお世話を焼くことを決心し、今日ここに島のお話を始めることにした。

自己紹介が遅れたが、私は鳥類学者である。本日は私がナビゲーターを務めることをご容赦いただきたい。だって、島と鳥は字が似ているのですもの。

そもそも島という漢字は、海にある山の上に鳥がとまる様子を表すという説がある。島には、鳥がいて当然という寸法だ。

この説の信憑性は存じないが、島の鳥類の研究をする私にとっては都合がよいので、迷わず採用だ。しかも「島」には、「嶋」、「嶌」、「㠀」という異体字がある。これらは、鳥という字をもろに含んでしまっているので、なおさら都合がよい。ここまで頑張ったのだから、思い切って鳥の右に山を書く字も作り、コンプリートしてほしかった。

島と鳥の類似性に疑いのある人は、島の中に鳥がいるところを想像してみてほしい。あまりに親和性が高く、容易に鳥を見つけることはできないだろう。

島島島島島島島島島島島島島島島島島島島島島
島島島島島島島島島島鳥島島島島島島島島島島
島島島島島島島島島島島島島島島島島島島島島

5秒以内で「鳥」を見つけられた人はバードウォッチャーの素質がある。逆に、鳥の群れの中に島がある場合はどうだろう。

鳥鳥鳥鳥鳥鳥鳥鳥鳥鳥鳥鳥鳥鳥鳥鳥鳥鳥鳥鳥鳥鳥鳥鳥鳥鳥鳥鳥鳥鳥鳥鳥鳥鳥鳥鳥鳥鳥鳥鳥鳥鳥鳥鳥鳥鳥鳥鳥鳥鳥鳥鳥鳥鳥鳥鳥鳥鳥鳥鳥鳥鳥鳥鳥鳥鳥鳥鳥鳥鳥鳥鳥鳥鳥鳥鳥鳥鳥鳥鳥鳥鳥鳥鳥鳥鳥鳥鳥鳥鳥鳥鳥鳥鳥鳥鳥鳥鳥鳥鳥鳥鳥鳥鳥鳥鳥鳥鳥鳥

見つけられない？　おっと失礼、「島」を入れるのを忘れていた。

いずれにせよ、字面(じづら)的には島に鳥が不可欠であることはまちがいない。鳥のない島なんてただの山だ。これに免じて、鳥類学者による島の話に耳を傾けてもらいたい。

この本では、まず第1章で、舞台となる島のナンタルカを振り返りたい。第2章では海を越えて島に至る生物たちの冒険に想いを馳せ、第3章では長い歴史をもつ生物進化の群像に迫ろう。第4章では島に迫る危機について憂え、第5章にて大団円を迎える。この本は生物学の教科書ではない。次回の旅行の折、海ではない「島」を見るための身勝手なガイドブックである。

さて、読書家のみなさんはすでにお気づきだろう。読書はギャンブル、貴方はギャンブラーである。表紙、タイトル、イラスト、帯、序文、限られた情報から内容を推察し、一か八かでレジに並び、期待を胸にページをめくる。目利きならばよい本に遭遇し、そうでなければガッカリする。

勝負のコストは本代だけではない。この本を読むのに7時間、本屋に寄る手間に2時間、合計9時間を消費するとしよう。時給900円ならすでに8100円の投資だ。さらに読書中のコーヒーとスナック菓子代、交通費に靴裏のすり減りも加算すれば、1万円に及ぶ投資となる。これに値する読後感が得られればこのギャンブルは貴方の勝利、得られなければ敗北だ。

しかし、敗北の原因を著者に求めてはいけない。ギャンブルが自己責任であることは世の道理である。勝つも負けるも本人次第、それが大人というものだ。

とはいえ、ベガスで魅惑的なディーラーに手玉にとられたあの夜を思い出してほしい。たとえ負けても、それすらギャンブルの楽しみの内だ。場合によっては、難なく過ごした一夜より、屈強な黒服にスッテンテンで寒空に放り出された夜の方がはるかに思い出深いかもしれない。大切なのは気のもちよう、明日は明日の太陽がピカピカである。

なお念を押しておくと、この本は島に関する本だが、とくに島の生物に関する本である。島の文化や経済、はたまた自分探しの旅の始めかたを期待する読者には、このギャンブルで勝ち目はない。悪いことはいわない。この本をそっと書棚に戻し、自己啓発本でも探してくれたまえ。

さぁ心構えができたなら、深呼吸をして一歩を踏み出すことにしよう。

ここに海終わり、島始まる。

# 目次

aia nō i ke kō a ke au

# そもそも島に進化あり

西之島

# そもそも島は

序

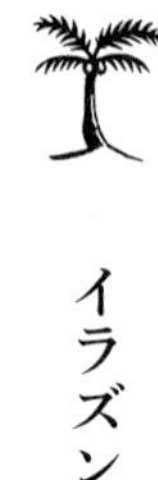

# イラズンバ

## 始まりの島

私は島生まれの島育ちである。バラとバオバブの星のように小さな島ではなく、伊能忠敬(いのうただたか)ですら測量に10年以上かかってしまった大きな島だ。その島の名は、本州という。

日本の国土はすべて島なので、日本で生まれた人はみな島人である。日本の人口の9割以上は、北海道、九州、四国を含む本土部に住むが、これらの島は大きすぎて島在住という意識が希薄だ。このため、島という空間の特異性を自覚することが難しい。

逆にいわゆる島嶼(とうしょ)部に住んでいると、本当は独特極まりない環境も日常の風景になってしまう。やはり島のユニークさ

**バラとバオバブの星**
アントワーヌ・ド・サン＝テグジュペリ作『星の王子さま』参照のこと。曰く、バオバブの小さいのはバラにそっくりらしい。

**伊能忠敬**
西洋の測量技術を用い、日本最初の実測地図「大日本沿海輿地全図」を18年かけ作成(完成は没後)。じつはこの大偉業、隠居後の55歳からの第二のライフワークだというから、まだまだ若いもんには負けていられない。

を実感できない。虹の中にいると、自分が虹に包まれていることがわからないものである。

　星の王子さまは小さな星から地球に来て、改めて自分の星の価値を知ることができた。本当に大切なものは、目に見えない。身近にあるものの価値を知るためには、日常と別視点から事実を俯瞰（ふかん）する必要があるのだ。

　大きな島の紳士淑女は、小さな島に行くことで島の意味を知ることができるだろう。小さな島に住む諸兄諸姉は、メインランドを知ることでそのユニークさを実感できるはずだ。

## 小さな窓からコンニチハ

　大きな島出身の私は、自分が島に住んでいるという意識なく育ってきた。これは大きな損失である。島には、メインランドとは異なる生物相が生じ、ユニークな進化が生じやすい。

　このことを意識すると、身の回りの自然からも興味深い事象

**島嶼**
島は大きな島、嶼は小さな島を指す言葉。大小の島々のこと。島嶼国とはいわゆる島国のこと。

**ユニーク**
「ほかにない」「変わった」などの意。「ゆかいな」という意味合いで使われるが、本来的な用法ではない。誤解なきよう。

**メインランド**
本土。本州に対するユーラシア大陸のようなもの。本書では、とくに島への生物の供給源としての意味合いをもつ。ちなみにイギリスのシェトランド諸島や同オークニー諸島には、メインランド島という島もあってややこしいが勘弁いただきたい。

が見出せるようになり、人生が彩り華やかになる。

しかし、本州は島とはいえ多様な生物が生息し、複雑な生態系が構築され、島らしさが薄められている。

もちろん、本州には本州なりに島としての特徴がある。たとえば、都市近郊でも見られるアオゲラは日本固有種のキツツキだ。日本が海で封じられているからこそ、この固有種が生じたのだ。ユーラシア大陸や東南アジアに多産するチメドリ類の鳥は、日本には1種も自然分布しない。これも日本が島だからだ。しかし、島らしさの体感しやすさでは、いわゆる離島の方が顕著に優れていよう。

たとえば、南硫黄島（みなみいおうとう）という島には捕食者となるタカがいない。この島に調査に行くと、本来夜行性のオオコウモリが日中に青い海を背景に飄々（ひょうひょう）と飛び交っていた。その背景には、捕食者不在という島の生物相の独自性が見え隠れする。オオタカ、ノスリ、クマタカなど、多種多様なタカがいる本州では、こんな特殊行動は発達しづらいだろう。

**アオゲラ**
キツツキ目キツツキ科の鳥類。本州から鹿児島県の種子島、屋久島にまで分布。尾羽や翼の鮮やかな緑色が目立つ日本固有種。北海道にはよく似たヤマゲラがいるが、こちらはユーラシア大陸に広く分布している。

**チメドリ類**
スズメ目チメドリ科の鳥類。このうちのガビチョウは、外来種として日本全国にけたたましく生息範囲拡大中。

島はミニチュアの世界だ。複雑な生態系から少数の要素を抽出して構成され隔離された箱庭である。構成要素がシンプルで特殊なほど、島という事象の理解を進めるショーウィンドウとなる。とくにメインランドとの対比により、島の性格はより明確に浮き彫りになるだろう。

島らしい島を知ることで、島とはなにかという理解を深められるのだ。

## いざや、島

島の生物学の面白さは、特殊性と一般性の2点に集約される。

飛翔を最大の特徴とする鳥類であるにもかかわらず、島では飛ばない鳥が進化するという特殊性。飛ばない鳥は島で進化しやすいという一般性。飛ばない鳥が島の条件に合わせて獲得する行動の特殊性。その特殊な行動の生じる背景に合理

**オオコウモリ**
翼手目オオコウモリ科の哺乳類の一類。大型で果実や花の蜜などを食べる。熱帯から亜熱帯に生息し、日本には、小笠原諸島にオガサワラオオコウモリ、鹿児島県の口永良部島以南の琉球列島にクビワオオコウモリが生息する。

的解釈を与える一般性。特殊性と一般性の輪廻(りんね)を嗜(たしな)むことが、島の生物学における最大の愉悦である。

島と総称してもその性状はさまざまだ。大きな島、遠い島、火を噴く島、火を吹く怪獣のいる島、異なる条件は異なる生態系を生む。

多様な島を比較することで、一般的な法則が見いだされる。各々の島をつぶさに見れば、独自の背景に成立した特殊な事象が見いだされる。一般性と特殊性は生物学全般の魅力でもある。島を知り、島に行けば、誰もがこの二つを同時に体感できるのだ。

知らなくても困らないが、知るとおもしろくなる。島とはそういう現象であり、島の港は万人に開かれている。

なお断っておくが、この本では小笠原諸島の事例が頻繁(ひんぱん)に登場する。これは私の研究の主な調査地が小笠原であるためだ。個人的な事由による偏(かたよ)りを最初にお詫びしておきたい。

では、島の生物たちを訪ねる前に、島というものの実体を把握することにしよう。

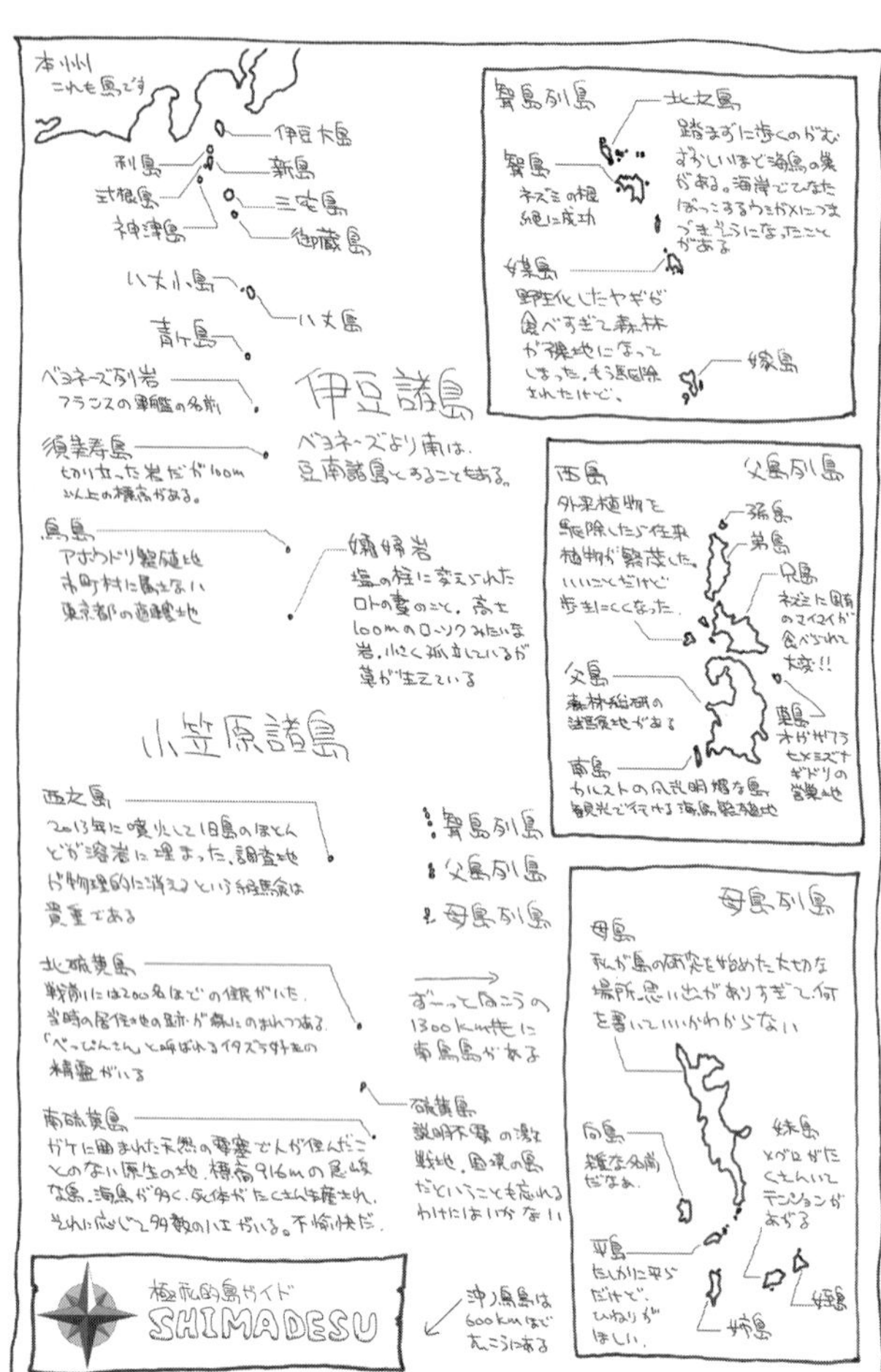

本州
これも島です
伊豆大島
利島
新島
式根島
三宅島
神津島
御蔵島
八丈小島
八丈島
青ケ島
ベヨネーズ列岩
フランスの軍艦の名前
伊豆諸島
ベヨネーズより南は、
豆南諸島とあることもある。
須美寿島
切り立った岩だが100m
以上の標高がある。
鳥島
アホウドリ繁殖地
市町村に属さない
東京都の直轄地
孀婦岩
塩の柱に変えられた
ロトの妻のこと。高さ
100mのローソクみたいな
岩。小さく孤立しているが
草が生えている
聟島列島
北之島
踏まずに歩くのがむずかしいほど海鳥の巣がある。海岸でひなたぼっこするウミガメにつまづきそうになったことがある
聟島
ネズミの根絶に成功
媒島
野生化したヤギが食べすぎて森林が裸地になってしまった。もう駆除されたけど。
嫁島
父島列島
西島
外来植物を駆除したら在来植物が繁茂した。いいことだけど歩きにくくなった。
孫島
弟島
兄島
ネズミに固有のマイマイが食べられて大変!!
父島
森林総研の試験地がある
東島
オガサワラヒメミズナギドリの営巣地
南島
カルストの風光明媚な島。観光で行ける海鳥繁殖地
小笠原諸島
西之島
2013年に噴火して旧島のほとんどが溶岩に埋まった。調査地が物理的に消えるという経験は貴重である
聟島列島
父島列島
母島列島
北硫黄島
戦前には200名ほどの住民がいた。当時の居住地の跡が森にのまれつつある。「ぺっぴんさん」と呼ばれるイタズラ好きの精霊がいる
ずーっと向こうの
1300km先に
南鳥島がある
硫黄島
説明不要の激戦地。国境の島だということも忘れるわけにはいかない
南硫黄島
ガケに囲まれた天然の要塞で人が住んだことのない原生の地。標高916mの急峻な島。海鳥が多く、死体がたくさん生産され、それに応じて多数のハエがいる。不愉快だ。
母島列島
母島
私が島の研究を始めた大切な場所。思い出がありすぎて何を書いていいかわからない
向島
雑な名前だなあ。
妹島
メグロがたくさんいてテンションがあがる
平島
たしかに平らだけど、ひねりがほしい。
姉島
姪島
極私的島ガイド
SHIMADESU
沖ノ鳥島は
600kmほど
左にある

シロアジサシ
ハワイ・オアフ島

# 第1章 島が世界に現れる

本編が始まる前だというのに、大人気なくシマシマシマシマと100回以上連呼してしまい面目ない。しかし、まだ島とは一体なにかという大前提を共有していない。まずは島という存在について認識を一つにしたい。旅には地図が必要である。同じ土台に立って同じ方向を向き、冒険の準備を整えよう。

# 1 島にヤシの木は何本必要か

## 心の島よ

まずは、「島」を頭に思い描いてもらいたい。まぶたの裏に浮かぶのは、青い海、こぢんまりしたお椀(わん)型の陸地、真ん中に立つ1本のヤシの木、そして釣り糸をたらす髭のおじさんである。そう、これこそが島だ。

島の要素の中で最も気になるのはおじさんのスリリングな半生だが、最も重要なのは島の周囲を取り巻く海である。島とは、海によって周囲から隔絶された特異な空間なのだ。場合によっては、海ではなく淡水の場合もあるが、世界に分布する島の99%以上が海水に囲まれているので、ここでは便宜的に海とさせてもらいたい。いずれにせよ海なくして島は島

**島**
ランゲルハンス島が思い浮かんでしまった人は勉強のしすぎなので、漫画でも読んでもっと人生を楽しんでほしい。

として成立し得ないのである。

海に囲まれているというのは、海によって隔離されている、と言い換えられる。島に到達するには、生物であろうが無生物であろうが、海を越えなくてはならないのだ。このことが、進化の舞台としての島を魅力的にする最大の要素なのである。

## 島と大陸、どちらがえらいか

さて、島の話を始める前に、島の定義をはっきりさせねばなるまい。周囲が海に囲まれているという点では、すべての陸地がこれに該当してしまう。しかし、島が比較的小型の陸地であることは、多くの方の共通認識だろう。

陸域を分類する方法として、「大陸」と「島」という概念がある。オーストラリアを最小の大陸とし、これより小さな陸地のことを島と称するのが一般的である。この場合は、ユーラシア、アフリカ、北アメリカ、南アメリカ、南極、オー

**大陸と島**
ちなみに200万平方キロの面積を誇るグリーンランドに至っては、高緯度地方に向かうにつれ横方向に拡大されてしまうメルカトル図法では、オーストラリアより大きくなってしまう。島にあるまじき体たらくだ。

ストラリアが、六大陸と呼ばれる。ユーラシアとアフリカ、北米と南米は、それぞれ若干つながっているが、火星から見れば些細（ささい）な接続なので、気にしないでほしい。つまり、アトランティスもムーも、大陸を名乗った時点でオーストラリア以上の面積を必要とするというわけである。

では島はというと、大きい方から順にグリーンランド、ニューギニア、ボルネオ、マダガスカル、バッフィン、スマトラと続き、日本の本州は世界で7番目に大きな島ということになる。

ただし、この大陸と島の違いは、あくまでもオーストラリアを基準にした定義にすぎず、島の成因や生物相などとはとくに関係がない。もしも日本が世界を支配していたら、大陸の基準は本州となり、大陸の数は13個、世界最大の島はグレートブリテン島になっていたことだろう。つまり、この定義は相対的に小さいものを島と呼ぶための基準にすぎないのだ。とにかく大陸はわずか6個だが、島は星の数ほどある。ど

**六大陸**
七大陸という言葉もある。この場合はユーラシア大陸をヨーロッパ大陸とアジア大陸に分けるわけだが、両者は割箸の右と左ぐらい強固につながっているので、これは文化的な境界線といえよう。また、五大陸という場合には南北アメリカを一つの大陸と見なすが、ここはパピコの右と左ぐらいの接続しかないので、やはり二つに分割して考えたいところだ。

う考えても島の勝ちだ。

## 島と岩と、どちらがえらいか

島が大きさで定義されているのであれば、小さい方の限界も知りたくなるのが人情というものだろう。残念ながら、島の最小サイズについてはとくに定義がない。しかし、大きさではなく状態による定義がある。最もよく使われる定義は、「高潮時にも水面上にある」ということだ。これは、国連海洋法条約でも謳っている国際的な基準である。

この定義からいえば、極端な話、細長い竹の棒のようなものが水面から突き出していて満潮時も水没しなければ島と呼ぶことになる。ただし、

島とは認められない。

国連海洋法条約では、「自然に形成された陸地」であることも条件としている。このため勝手に浅瀬に竹を刺しても、残念ながら島とは認められない。

ちなみに適宜水没する島未満の存在にも、ちゃんと名前がある。高潮時に水面下に没する陸地を「干出岩（かんしゅつがん）」、潮の満ち引きによりときどき水面上に現れる岩を「洗岩」、どう頑張っても水面上に現れることのない岩を「暗岩」と呼ぶ。

なお、定義では島に該当する陸地であっても、小型のものには岩という名前がついていることもある。島と岩には特段の基準はない。あくまでも島というほどではなかろうという主観的な呼称であり、別に蔑（さげす）んでいるわけではない。いや、もしかしたら若干蔑んでいるのかもしれないが、それは鳥類学者のあずかり知らぬところなのでご容赦願いたい。

また、国土地理院によると、日本には島が１４１２５個あるとされている。ここで対象としている島は原則外周が１００メートル以上のもので、埋め立て地は蚊帳（かや）の外だ。ただし、橋などで本土とつながっていても、それは独立した島と認めている。よく数え上げたものである。

地に足がつかなくて、なにが悪い

一般にどのような状態のものを島と呼んでいるかは、だいたいわかっていただけただろう。しかし、ここで多くの紳士淑女は、もう一つの疑問について心を悩ませているはずだ。そう、ひょっこりひょうたん島だ。

ひょうたん島はもともと「どこかの国の陸地と橋でつながった、燈台のある小さな島」だったらしい。これが、ひょうたん火山の噴火により千切(ちぎ)れて、海上をさまようことになったのだ。おそらく、噴火に伴う軽石の噴出により浮力が得られているものと考えられる。

非常に残念なことだが、千切れて漂流してしまうと、これはもう陸地ではなく漂流物になってしまう。ひょうたん島は

**ひょっこりひょうたん島**
1964年4月より、NHKで放映された人形劇。井上ひさし、山元護久作。
なお、瀬戸内海には瓢簞島という無人島があり、これがひょうたん島のモデルといわれることもある。この島はわずか0・017平方キロしかないにもかかわらず中央に県境があり、北が広島県、南が愛媛県となっている。行ったことはないが、二県で取り合うほどだからよほど魅力的な島に違いあるまい。

タイタニック号から放り出された木片と同じ、ガバチョ先生は木片にしがみつくレオナルド・ディカプリオも同然というわけだ。

しかし、水に浮いている島状のものが存在することも事実だ。日本でも、和歌山県新宮(しんぐう)市の浮島の森は、その名の通り水に浮いている島である。島の上には、ヤマモモやスギなど多くの樹木が生えており、国の天然記念物にも指定されている。このような浮島は、残念ながら正式には島とは呼べないが、個人的にはほぼ島と認定したい。なお、多くの場合、浮き島は内水面に存在しており海ではあまり見られない。海に浮いている大きな塊は、北極とタイタニック号ぐらいである。

## 辞書VS生態学

ここまでは、あくまでも一般的な定義としての島である。

ただし、生態学ではオーストラリアより小さいことも、高潮

**ガバチョ先生**
＝ドン・ガバチョ。ひょうたん島の初代大統領。イギリカ国のドンドン市出身。演説が好き。

**浮島の森**
日本最大の浮島。長さ85メートル、幅60メートル、総面積およそ5千平方メートルの四角い形をしている。湿地の中に、植物の遺骸によりできたスポンジ状の泥炭が浮いた構造だと考えられている。

**ラピュタ**
宮崎駿監督の初のオリジナル監督作品『天空の城ラピュタ』に登場する伝説の空飛ぶ

時にギリギリ水面上に顔を出しているかどうかも、それほど重要ではない。

島の重要な点は、「海により隔離されていること」と、「相対的に小さいこと」の二つである。ならば、ひょうたん島もラピュタも、環境的には島と呼んでよいだろう。

海による隔離により、生物は生息地から海を越えて島に到達しなければならない。この生物の供給場所との関係が、生態学で考えるところの「島」の主題である。この意味で、生物の供給元となる場所を「大陸」と表現し、供給先のことを「島」と呼ぶことも多い。

これは、先述の辞書的な意味とは異なっている。混乱を抑えるため、大陸ではなく本土（メインランド）と表現することもしばしばある。本書でも、生物の供給場所をメインランドと表現することとしたい。ときどき勢い余って大陸

環境的にはラピュータも島。

城。その名は、ジョナサン・スウィフト『ガリヴァー旅行記』の第三編に登場する空飛ぶ島ラピュータより。ちなみにガリバー、日本にも立ち寄り、踏み絵をさせられそうになった。

と書いてしまうかもしれないが、それはご愛敬だ。

隔離されているということは、独立した一つの地域として認識できるということだ。メインランドの山は、周囲の山や農耕地などと陸続きに接続している。このため、山からなにかの動物がいなくなっても、他地域から新たに入ってくればその事態が見えなくなってしまう。一方で閉鎖した島であれば、その現象がつぶさに理解できることになる。

島が小さいということは、そこに住める生物が少ないということである。このため、島の生物相はメインランドと比べると比較的単純だと考えられる。単純な生物相をもつ場所では種間関係も単純となり、なんらかの変化が生じた場合に、その後に連鎖的に生じる反応も単純で理解しやすくなる。

隔離と小ささ、この二点が島という場所の最たる特徴であり、生態系を理解する上での重要な因子になるのである。

しかし、この隔離を生じさせる海という障壁が絶対的なバリアでないことが、島の生態学をおもしろくしてくれる。もし完全に隔離されていて、一切の生物の移動がなければ、それはただの不毛の地だ。しかし、ある確率で生物が障壁を越えて移動することにより、そこはメインランドでもなく不毛の地でもない、ほどよいバランスを保った魅力的な場所になるのである。

さて、島というのが、単に「大陸より小さな陸地」というだけの意味ではないことがおわかりいただけただろう。では、いよいよ島への扉を開き、メインランドと異なる世界を覗いてみよう。

なお、いい忘れていたが、島にはヤシはなくてもかまわない。髭のおじさんもいなくてかまわない。

島にいるのは髭のおじさんとは限らない。

# 2 島を二つに分類せよ

## 氏(うじ)か、育ちか

島を二つに分類せよ、しないと撃つ、といわれたら、即座に「大陸島」と「海洋島」の二つに分けよう。

島について考えるとき、私がまず注目する条件がある。もちろん、コンビニがあるかどうかだ。2番目に注目をするのは、携帯が通じるかどうかだ。そして、ようやく3番目に注目するのはその島の履歴である。

一般に大陸島とは、水深の浅い大陸プレートの上に位置する島のことを呼ぶ。更新世(こうしんせい)には氷河期に伴う海水面の低下があったため、このような島では、比較的最近に大陸と陸続きになった歴史があることが珍しくない。そもそも、大陸の一

**島のコンビニ事情**
とにかくコンビニがある島は少ない（筆者調べ）。

部が切り離されて生じた島も多い。

島に住む生物を考える上で、大陸との連結があったかどうかは非常に重要である。重要な理由は後述するが、まずは重要性を鵜呑みにしてほしい。このため、本書では「その島が生まれてからの歴史上、過去に直接的または間接的に大陸とつながったことのある島」を大陸島と考えることとしたい。このような島は、陸橋島や陸繋島と呼ばれることもある。

また、古い時代に大陸の一部が分断されて島となったものを、大陸断片と呼ぶ。いうなれば、これは古い過去にできた大陸島である。ここでは、話を単純化させるため、大陸断片も大陸島に含めることとしたい。

つまり大陸島とは、大陸の生物相のセットが最初から存在しているか、または陸伝いに入り込む余地のあった島ということになる。いわば大陸の箱庭なのだ。

これに対して、海洋島とは水深の深い海洋プレートの上に生じた島のことである。このような島は、直接にしろ間接にしろ、過去に大陸とつながったことがないことが多い。ここでは、大陸島との対比として、海洋島は大陸との連結の履歴がないと考えよう。このような島は大洋島と呼ばれることもある。

## 弱肉強食の大陸島

大陸では、長い歴史をかけてさまざまな生物が進化してきた。4億年以上前のオルドヴィス紀からシルル紀にかけて、植物が陸上に進出した。シルル紀には、ムカデやウミサソリの仲間などの無脊椎動物も陸上に進出している。そこから幾度かの大量絶滅を経験しつつも、絶えることなく生物の営みが続けられてきた。大陸とは、それだけの長い時間をかけて多様な動植物が進化してきている場所なのだ。

長い時間をかけて形成された生態系では、多様な環境の中で多くの種が生まれてきた。生態系の中にはさまざまな資源

**ウミサソリ**
約2億5140万年前の古生代の終わりに絶滅した節足動物。浅海から淡水にくらし、なかには陸上に上がるものもいたと考えられている。全長3メートル近い大きなものもいた。

がある。それは、ときには食物であり、ときには空間である。進化の歴史は、その資源を巡る奪い合いの歴史でもある。競争だけでなく、捕食や病気、飢餓、環境の変化など、生命を危機に陥れるありとあらゆる脅威の渦巻く戦場なのである。

現代まで生き残った生物は、その戦いの勝者たちなのだ。認めたくはないが、ナメクジさえも勝者の一角といえよう。もちろん、彼らの進化は称賛に値するが、ビジュアル的に苦手である。生物学者だからって、すべての生物をリスペクトしていると思ったら、大きなまちがいである。

ともかく、大陸島の生物には切磋琢磨の猛者たちがそろっているというわけだ。

## 海洋島は、海も同然

海洋島は深い海に囲まれており、海底火山の噴火や珊瑚礁の隆起などにより、海の中から生じる。海中から島が生まれ

**ナメクジ**
マイマイ（カタツムリ）の中から、身を守る殻を捨て去るという決意と進化をした剛の者。重い鎧を脱いだからといって高速で動けるようになったわけではない。ヨーロッパやアフリカには30センチ級のものもいるので侮れない。

たとき、その陸域にはもちろん陸上生物が存在していない。スタートの時点で、そこには基盤となる大地しかないのだ。これが、大陸島との極めて重要な違いだ。海洋島の陸上生物となるためには、なによりまず海を越えなくてはならないのである。

陸上生物にとって、海は大きな障壁になる。すべての生物がこれを越えることができるわけではない。このため、海を越える能力をもつごく一部の生物のみが、海洋島に存在することが許されるのだ。

もちろん、大陸島も海洋島もどちらも分け隔てなく島であり、すべての島は法の下に平等で、社会的身分や門地により、科学的に差別されてはならない。しかし、大陸の履歴を継承する大陸島とゼロから始まる海洋島。生物相を考える上で、両者はまったく違う意味をもつことがわかるだろう。

どちらの方がより島らしいかといえば、もちろん海洋島に軍配が上がる。なにしろ大陸島の生物相は、メインランドとの類似度がアプリオリに高くなるのだからしょうがない。さらにいうと、私は海洋島である小笠原諸島をフィールドとして20年来研究をしているのだから、依怙贔屓もやむを得ない。ただし、大陸島を無闇に毛嫌いする海洋島原理主義者と勘違いしてもらっては困る。むしろ、沖縄なんぞには観光客と見まちがわれるほど浮かれて調査にでかけ、泡盛を一献傾けながら三線に耳を傾けている。八方美人は大人の処世術とご容赦いただきたい。

## 日本の島を見分けましょう

日本の島のうち9割以上が大陸島だ。ちゃんと数えたことはないが、多分そうだ。日本列島の基礎的な部分は、1500万年前にはユーラシア大陸の一部だった。しかし、その後に日本海が生じて、島となったのだと考えられている。また、その後に繰り返し訪れる氷河期と間氷期により、大陸と一部

**アプリオリ**
「より先のものから」の意。『自明な事柄』の意で使われることが多い。

がつながったり途切れたりを繰り返している。

従来の説では、日本列島は伊耶那岐と伊耶那美の国産みによって、海上に現れたとされてきた。その際に、セキレイが重要な役割を果たしたことも、信頼できる文献に記されている。この説に則ると、日本列島は大陸からちぎれてできたのではなかったということになる。しかし残念ながら、最近の研究ではこれは否定されているのだ。

大陸島の数に比べると、海洋島の数はあまり多くない。日本で代表的な海洋島といえば、沖縄県の大東諸島、東京都の小笠原諸島である。大東諸島と小笠原諸島はいずれも、大陸棚から離れた太平洋のただ中に位置しており、納得の海洋島だ。

もしも、伊耶那岐と伊耶那美が、史実通りに日本の国土形成に貢献していたとしたら、彼らが生み出したのはこれら海洋島のことだろう。小笠原諸島には、父島や母島、姉島、兄島、弟島など家系に関わる島名が多い。これは、伊耶那岐、

**伊耶那岐と伊耶那美**
日本の国土創世神話にある神。日本書紀では伊奘諾と伊奘冉。天浮橋に立ち、矛で混沌をかき混ぜて島（大八洲）を産んだとされている。

**セキレイ**
スズメ目セキレイ科の鳥類。長い尾羽をピコピコと動かしながらすばやく歩く。伊耶那岐と伊耶那美の二柱の神は、この尾羽の動きを見て、性交のしかたを知ったらしい。

伊耶那美、その子どもの天照大神、月夜見尊(つくよみのみこと)、素戔嗚尊(すさのおのみこと)などを示しているともいわれる。

　もちろんこれは私がいっているだけなので、むやみに信じて後で恨まないでほしい。

## 海洋島大陸島化計画

　さて、代表扱いしなくて申し訳なかったが、伊豆諸島も基本的に海洋島である。伊豆諸島は、東京湾のすぐ外にある伊豆大島から青ヶ島を経て孀婦岩(そうふがん)までの、600キロにわたる列状の島々である。

　これらの島々は、もともとは現在の位置より1千キロ以上南方で生まれたと考えられている。伊豆諸島は、フィリピン海プレートというプレートにのっている。このプレートは、毎年4センチほど北に向かって移動しており、伊豆諸島も目

セキレイに教えを受ける。

下北上中である。プレートの移動については後ほど解説するので、今回もまた鵜呑みでお願いしたい。

じつは、現在は本州の一部となっている丹沢山地や伊豆半島も、過去には伊豆諸島の北部の一角をなした島だったと考えられている。これらの島は、伊豆諸島の最前線として意気揚々と北上の末、500万〜800万年ほど前に丹沢が、約100万年前に伊豆が、勢い余って本州に衝突してしまったのだと考えられている。彼らは、伊豆諸島北部の成れの果てなのである。

つまり、丹沢山地や伊豆半島は、海洋島として生まれたが、後に本州に併呑され、大陸島の一部になったといえる。ただし、海洋島時代から、伊豆半島規模の面積を誇っていたわけではない。もともとは、現存の伊豆諸島と同様に小さな島だったが、衝突により海面上に大面積が姿を現したと考えられている。

伊豆諸島の最北の島は、伊豆大島である。この島と本州の間の距離は、わずか25キロ程度だ。だいたい皇居5周分程度なので、がんばれば昼休みにジョギングできる距離だ。最短経路をとれば、あとわずか62万5千年で本州にぶつかって吸収され、観光価値も目減りしてしまうことだろう。あんこ椿を見に行くなら、今のうちがオススメである。

## 世界の島を数えましょう

さて、世界に目を移してみよう。たとえば、ダーウィンと携帯電話で有名なガラパゴス諸島や憧れの島ハワイは、世界を代表する海洋島である。また、サイパン島、グアム島、エロマンガ島など、日本人にとって馴染み深い島々も海洋島だ。太平洋には、数多くの海洋島が点在している。もちろん、大西洋にも多くの海洋島がある。アゾレス諸島やカナリア諸島などが、その代表格である。

これに対して、台湾やボルネオ島、ニューギニア島、マダ

**あんこ椿**
1964年10月に発売された都はるみのヒット曲『アンコ椿は恋の花』より。あんこは伊豆大島の言葉で年上の女性の意。ちなみに歌詞の一番に出てくるのはアンコ便り、二番がアンコ椿、三番はアンコつぼみである。あんこ椿という種、または品種のツバキがあるわけではない。

**エロマンガ島**
南太平洋に浮かぶ島国バヌアツのタフェア州最大の島。エロマンゴ島とも。オランダのスケベニンゲン、インドネシアのキンタマーニ高原などと並んで小学生男子をはしゃがせる地名である。島には大航海時代の悲しい歴史がある。

ガスカル島などは、大陸島である。先入観をもって世界地図を見てもらえれば、大陸からの連続性があるように見え、大陸島であることに納得してもらえるだろう。

ここで、改めて世界の島の面積ベストテンを思い出したい。上位から、グリーンランド、ニューギニア島、ボルネオ島、マダガスカル島、バッフィン島、スマトラ島、本州、グレートブリテン島、ヴィクトリア島、エルズミーア島である。これらは、すべて大陸島だ。

世界最大の海洋島は面積約10万平方キロのアイスランドで、ランキング18位だ。この通り、海洋島は肩身が狭いのである。先刻、心の狭さから、海洋島を依怙贔屓したが、それくらいは許してくれたまえ。

もちろん、大陸島も立派なものだ

とはいえ、大陸島は大陸と同じかといわれれば、そういう

**カナリア諸島**
アフリカ大陸北西沿岸に近い大西洋の島。スペイン領で7つの島からなる。固有の生物が多い。飼い鳥のカナリアは、カナリア諸島の野生種が出自。

わけではない。こちらも、海により分断された後は、海洋島と同じく生物の移動が制限されることになる。分断からの時間が長くなれば、さまざまな生物が絶滅していく。一方で、海を越えることのできない種は、再度分布を広げることはない。このため、歴史の古い大陸断片などでは、海洋島的な生物相に近づいてくる。

海洋島には原初に生物がいなかったため、生物相の要素が揃うのに時間がかかってしまう。これに対して大陸島は、生物相が揃った状態を起点とし、絶滅や進化が生じていくことが多い。３分クッキングの途中まで調理された料理のようで、お得感があるのも事実だ。

大陸島は周囲の海が浅いゆえに、繰り返す氷河期と間氷期が生じさせる海水面の上下動によって、周囲の島や大陸とくっついたり離れたりすることがある。これは生物の移動を促進し、その分布に大きな影響を与えることになる。その結果、大陸島では標高や海峡の深さにより周囲との連結の履歴が異

**3分クッキング**
日本テレビ系列で放送される「キユーピー3分クッキング」は、１９６２年から続くご長寿料理番組。テーマ曲はドイツの作曲家レオン・イェッセルの行進曲『おもちゃの兵隊の観兵式』。

なり、島ごとの生物の分布がとてもユニークな状態になる。大陸島は大陸島で、海洋島とは異なる魅力を呈していることはまちがいない。

　また、大陸島であっても、海水面の上昇により大面積が水面下に没することがある。このような場合には多くの絶滅が生じ、海洋島的な傾向が強まるだろう。その後に海水面が下がり面積が回復されれば、島には海を越えて生物たちが到達し始める。その挙動は海洋島と同じといえる。大陸島の生物だからといって、すべてがメインランドからの分断化による遺物とは限らないのだ。たとえばニュージーランドは、数千万年前に大部分の土地が水没し、多くの生物がその後に渡来したと考えられており、なまじの海洋島より興味深い生物相を誇っている。

　私たちが見ることができるのは、あくまでも現在の島だけである。しかし、そこが大陸島なのか海洋島なのかを意識することで、その生物相に対する理解がより深まり、ちょっと賢くなった気分になれる。そこがさらなる考察の入口となるのだ。

# 3　新島、大海に立つ

## それでも地面は動いてる

　コペルニクスが地動説を唱えたとき、世界が騒然とした。なにしろ、我々の住むこの大地が太陽の周囲を回っているというのだ。私もにわかに信じることができず、コペルニクスに無言電話をかけ嫌がらせに精を出したものである。しかし、この説は５００年ほどかけて人類の心身に染み込み、現在では小4でも太陽が昇るという表現の恣意性を指摘し、相対主義的認識論について考察を深めるようになってしまった。

　コペルニクスから約４００年経った頃、私たちは二つ目の地動説に驚愕する。ヴェゲナーが唱えた大陸移動説である。私たちがよって立つこの大地が、地球の上を移動していると

**地動説**
「太陽中心説」ともいう。じつは古代ギリシャの天文学者アリスタルコスが世界ではじめて『太陽中心説』を唱えていた。なんとコペルニクスよりも、およそ１８００年早い。

いう途方もない話だ。

2億年ほど前、パンゲアと呼ばれる大きな大陸があった。これが分裂し世界各地に広がり、現在の大陸の位置まで移動してきたと考えられている。神龍（シェンロン）が願い事を叶えた後のドラゴンボールみたいな散らばり具合だと思ってもらえればよい。

地球の表面はプレートと呼ばれる薄くて固い地殻に覆われている。プレートの下にはマントルがあり、これが地球の上層を対流している。この対流に乗って大陸が移動するわけだ。プレートは大規模なものが十数枚、細かく分けると40枚ほどあるとされ、それぞれのプレートが別のプレートの下に沈み込んだり、境界線から生まれたりしながら、地球の外殻を構成しているのだ。

この説はプレートテクトニクスと呼ばれ、現在私たちの脳に染み込んでいる途中である。小難しい地球物理学によっても検証されており、信頼性の高い説となっている。

プレートの移動は、長い時間をかけて大陸を集合させたり離散させたりする。これに伴い大陸の一部が島となり、島同士がぶつかり、海底が隆起し、島の生成を左右する。

## 並んだ島の作り方1

地図を見ていると、島がきれいに並んでいることに気づくはずだ。日本の周辺を見ても、アリューシャン列島や伊豆諸島など、列状に配置された島々を目にすることができるだろう。もちろんこのような配置は偶然ではなく、相応の理由がある。

プレートは現在も動いており、これが新たな島を誕生させる原動力となっている。プレートの境目には、プレートが近づいて沈み込んでいく場所とプレートが遠ざかっていく場所がある。沈み込む場所では、上側になるプレートの辺縁に火山が形成されやすくなる。このような場所を火山フロントと呼び、海嶺と呼ばれる海底の山脈が形成される。プレートの辺縁に並んだ海嶺の頭頂部が水面に顔を出すことで、島が列状に並んだ島弧が形成される。

マリアナ海溝は、深さ約1万1千メートルで世界最深を誇っている。ジャイアント馬場を縦に並べるとおよそ5千2百人分、猪木が束になってかかっても敵わない深さだ。ジェームズ・キャメロン監督が潜水した記憶も新しいこの海溝では、フィリピン海プレートの下に太平洋プレートが沈み込んでおり、海溝の西にはサイパン島やロタ島などマリアナ諸島が連なる。

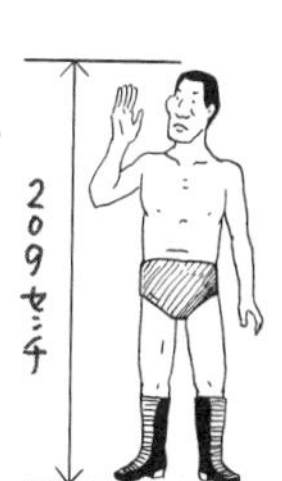


マリアナ諸島から北に目を移すと、伊豆諸島から小笠原諸島が南北に連なる島弧となっている。こちらは、伊豆・小笠原海溝の西に位置した七島硫黄島海嶺および小笠原海嶺の頂上部である。

**ジャイアント馬場**
身長209センチの日本の巨人。読売ジャイアンツから日本プロレスを経て、全日本プロレスを設立。1999年没。

**猪木**
猪木またはアントニオ猪木という場合にはアクセントは「い」に置くが、猪木さんという場合には「の」にアクセントを置く。

**マリアナ諸島**
マリアナの名は、17世紀のスペイン王フェリペ4世の王妃の名前に由来しているが、彼女はもちろんマリアナ諸島に行くことなく世を去っている。本人も心残りだったに違いない。

## 並んだ島の作り方2

プレートの下には、ホットスポットと呼ばれるマグマが発生する場所が点在している。ホットスポットがあると、その上のプレートを貫いてマントルが上昇して海底火山が生まれ、運よく海上まで達すれば島になる。

できた島はプレートの上に乗っているので、ベルトコンベアーのように、プレートの移動と共に運ばれていく。ただし、プレートは動いてもホットスポットの位置は変わらない。このため、その後にまたマントルが噴出すれば、また島が生まれる。これを繰り返すとやはり列状の島が生まれることになる。ハワイ諸島やガラパゴス諸島は、このようなメカニズムにより生成されたと考えられている。

ハワイ諸島は北西から南東にかけて長く伸びている。最南東部にハワイ島が位置し、マウイ島やオアフ島を経て北西ハワイ諸島のミッドウェー環礁やクレ環礁にいたる。ハワイ島では、現在もキラウエア火山が活発に溶岩を噴いている。ここがホットスポットの真上に位置する場所であり、島が生まれる場所である。

生まれた島は北西向きのコンベアに乗って運ばれていくため、北西に行くほど古い島となっている。島の最高標高を見ると、ハワイ島は4205メートル、オアフ島は1220メートル、最北西のクレ環礁やミッドウェー環礁は5メートル以下と、北西ほど低い。古い島は風化して崩壊し、標高が低くなるのである。

海底の地形に注目すると、クレ環礁のさらに西にも山脈が続いている。この山々は日本の天皇の名前がつけられた天皇海山群だ。こ

の海山群で最も古いのは、約８千万年前にできたと考えられている明治海山である。この海山群は、ハワイ諸島の延長線上から北に方向を変えアリューシャン列島まで到達している。プレートの移動方向が約４千万年前に変わったため、島の配列が曲がったのである。

　もちろんプレートの移動はこれまでと同様に今後も続いていく予定である。このままプレートと共にハワイが移動すると、５千万年後ぐらいに日本に衝突するはずだ。そうなれば、ハワイは日本の48番目の都道府県になることが期待される。もちろん、衝突場所は福島県いわき市だろう。フラガールの産地であるスパリゾートハワイアンズが、名実共にハワイになるのだ。プレートテクトニクスまで考慮に入れていた立地、創立者の先見の明は敬服に値する。

## 待てばサンゴの肥立ちあり

**スパリゾートハワイアンズ**
福島県いわき市にあるハワイ。石炭業の衰退により、新たな産業が必要となった常磐炭鉱が豊富な温泉資源を利用して設立。

もちろん、火山活動がすべての島を支配しているわけではない。世の中には、珊瑚礁でできている島もたくさんある。

　サンゴはれっきとした動物だが、とくに造礁サンゴと呼ばれる仲間は炭酸カルシウムでできた硬い骨格を作り、珊瑚礁を形成する。そのおかげでブルック・シールズも松田聖子も名を上げたのはご存知の通りだ。できあがった珊瑚礁は堅牢（けんろう）で、大地と同じく島の基盤となり得る。

　ただしサンゴは引っ込み思案なので、水面上では生きていくことができない。しかし、水面下ギリギリまでは発達することができる。そのような場所が多少なりとも隆起したり、海水面が低下したりすれば、平らな島ができあがることになる。沖縄の宮古島や、日本最東端の島である南鳥島などは、隆起珊瑚礁の島である。グレートバリアリーフにもサンゴ起源の島が数百あり、これもまた主要な島の生成過程であることがわかろう。

　また、先述のミッドウェー環礁やクレ環礁なども珊瑚礁の

**ブルック・シールズ**
松田聖子との共通点は『青い珊瑚礁』。

島である。その特徴は、円の外周に沿うように環状に島が配置されていることだ。フレンチクルーラーの上部が水面に出ていると考えればわかりやすいだろう。クレーター状に珊瑚礁ができており、その周辺部が陸化しているのだ。ただしこれは、隕石やスペースコロニーが落ちてクレーターができたわけではない。

この独特の形状は、島が沈降することで生まれたと考えることができる。島の周囲に珊瑚礁が発達するのは珍しいことではない。しかし、ホストとなった島が徐々に風化して標高が低くなることは前述の通りだ。この島がいずれ海に沈降していっても、島の周囲の珊瑚礁は水面下で成長を続けることができる。最終的に島が完全に没すると、外周部のみ盛り上がり中央が凹んだクレーター状の珊瑚礁ができあがるのだ。この周辺部が海水面に姿を現したのが前述の島々だ。環礁は、モルディブやキリバスなどインド洋や太平洋を中心に各地で見ることができる。

珊瑚礁起源の島はその起源の性質上おしなべて標高が低い。南鳥島は最高標高9メートル、モルディブに至っては3メートル以下、うまい棒で25本分の高さにすぎない。地球温暖化問題に敏感になるのも致し方ない。

## 島は今でも生まれている

2013年以降、西之島という名前を新聞やニュースで見かける機会が増えた。この力みのない命名が示すように、小笠原諸島の西の方にある島である。ちなみに、西之島の東へ130キロほど行ったところに、西島という別の島があるのは愛敬である。

この島が注目されているのは噴火のためだ。2013年11月20日、西之島の南東500メートルの位置で海底火山が噴火し、新たな島ができた。仮にこれを南東西之島と呼ぼう。火山の噴火は収まらず南東西之島の面積は拡大して本家西之島に忍び寄り、12月26日には西之島と合体した。旧島と連結するという展開を迎え、新たな島はわずか１か月でその一生を終えたのだ。

この場所での噴火は今回が初犯ではない。西之島は１９７３年にも近傍で噴火があり、西之島新島が生じた。この新島も後に旧西之島とドッキングしており、今回と似た経緯を辿っている。

旧島と合体した南東西之島は、その後も溶岩噴出の手を緩めることはなく、本家西之島を腐海のごとくのみ込んでいった。１９７３年製西之島新島も、２０１４年９月に溶岩にのまれて来世へと旅立ってしまった。２０２０年６月には旧西之島由来の陸地は全て火山灰と溶岩に覆われ姿を消した。旧西之島はまるで新参者の溶岩に浸食されたかにも見える。しかし、結果的に西之島には新たな土地が加わり、まんまと面積を拡張した形となった。今頃、してやったりとほくそ笑んでいるはずだ。

**腐海**
スタジオジブリの映画『風の谷のナウシカ』に登場する森。腐海の外の世界とは異なる独自の生態系をもち、拡大を続けている。

**１９７３年製**
じつは著者とは同い年である。２０１４年に41歳となり、男の本厄を迎えた。厄年なんて信じていなかったが、この年に溶岩にのまれた同窓の姿を目の当たりにすると、もう偶然とは思えない。急いで西之島に御祓に行くべきだったのに、噴火を恐れて近寄れずにいる間に、手遅れになってしまったのだ。あとはもう、彼の分まで、立派に生きていくしかない。

## ずっとあるとは限りません

新たな島が生まれるのは特別なことと思えるだろう。だからこそ、西之島の件も大々的に報道されたのだ。しかし、海の向こうを見渡すとちょくちょく新たな島が生まれている。

西之島を有する小笠原諸島では、福徳岡ノ場という海底火山が有名である。ここは、南硫黄島の北東約５キロに位置する活発な火山で、しばしば噴火が起きている。１９０４年、１９１４年、１９８６年、２０２１年には、噴火に伴い新島が形成されている。

１９１４年の時は標高３００メートルに達したらしい。しかし、残念ながらいずれの時も、数年も待たずに地上部は崩壊し藻屑（もくず）と消えている。伊豆諸島南部の明神礁（みょうじんしょう）も、１９４６年と１９５２年、そして１９５３年に一時的に島が現れ、その後消滅している。

最近では2013年9月に、パキスタンのバローチスターン州の海岸から約2キロの場所で、新島ができたというニュースが報道をにぎわせた。この島は直前の地震とともに生まれたため、地震島と名づけられた。一時は標高20メートルに達したが、その後は順調に沈降し消滅したそうだ。

とはいえ、すべての新島が消えてなくなるわけではない。インドネシアでは、1927年の噴火でアナク・クラカタウ島が出現している。この島は、最初は陸化と消滅を繰り返したが、その後は成長し一時は標高400メートルの島となった。アイスランドのスルツェイ島は1963年に生まれ、2008年には世界自然遺産に登録されている。これら両島には、すでにさまざまな生物が定着している。

このほかにも、2006年にトンガにできたホームリーフや、2011年に紅海のイエメン沖60キロにできたズバイル諸島の新島など、新島は世界各地で生まれ続けている。そして、大部分は消滅し、一部のもののみが生物の生息場所とな

**地震島**
アラビア語でZalzala Koh（地震山）またはZalzala Jazeera（地震島）と呼ばれている。

るのだ。

## モーゼのからくり

プレートの動きを考えると、大陸は現在も動いておりいずれはまた一つの大陸に合体すると予想される。周辺の島々もプレートの動きに巻き込まれ、あるいは海に没し、あるいはほかの陸地に取り込まれていくだろう。日本列島そのものも、単に大陸の一部が切り離されただけではなく、プレートの沈み込みに伴い、陸地が南から付加されることで、形成されてきたとも考えられている。

島の命運を決する要素としてもう一つ、海進と海退がある。これはすなわち、海水面の上昇と下降である。長期的に見ると、地球の気温は変動しており、そのおかげで何度も氷河期が訪れている。ここ数百万年の間にも、ドナウ氷期、ギュンツ氷期、ミンデル氷期、リス氷期、ヴュルム氷期が訪れてい

**氷河期**
氷期とも。地球上に氷床がある時期のこと。その意味では、現在も氷河期にあるといえる。一般的には氷河期は、氷床が拡大した時期を指し、その場合は1万年前に終了したヴュルム氷期を最終氷期とする。

る。氷期には、極地の陸上で水分が氷床として固定され海水が減少する。このため、海水面が低くなるのだ。氷期と氷期の間には、比較的温暖な間氷期が訪れる。この期間には、極地の氷が解けて海水面が上昇する。

最近の氷期であるヴュルム氷期は、約2万年前に最寒期を迎えた。このときには、現在よりも100メートル以上も海水面が低かったと考えられている。その後温暖化が進み、今から約6千年前には現在よりも気温が1、2度高く、海水面が2、3メートル高かったといわれる。これを縄文海進と呼ぶ。

つまり、水深100メートル以下の浅瀬は、2万年前には陸地だったということだ。そうすると、屋久島と種子島の間

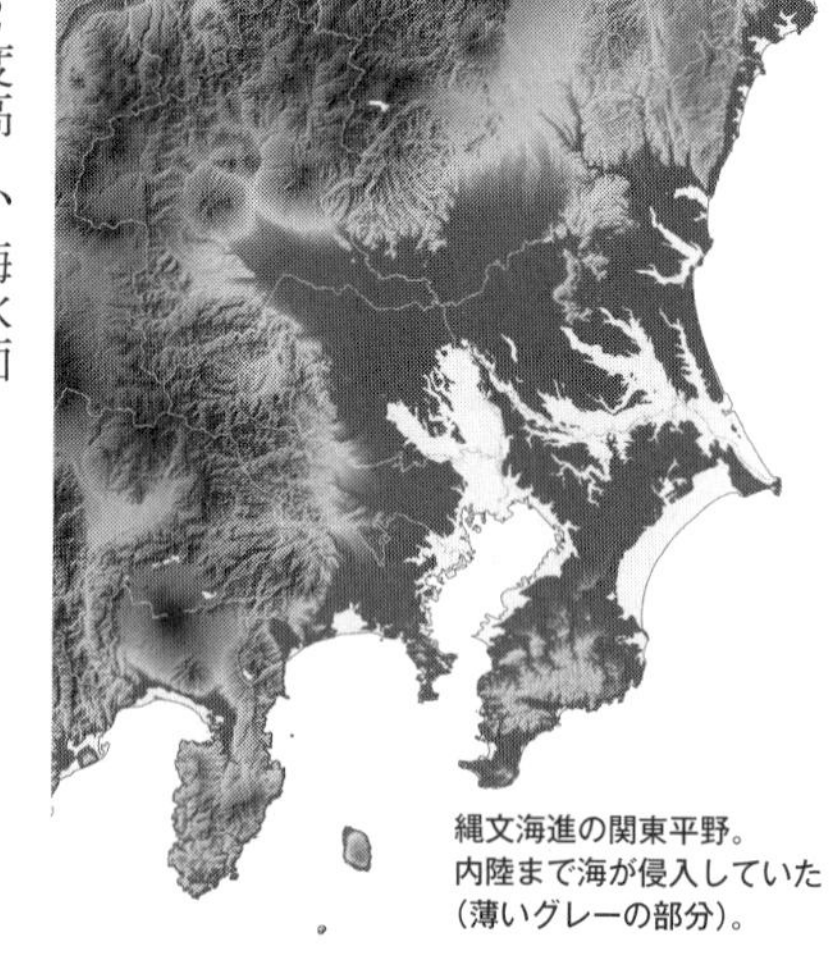

縄文海進の関東平野。
内陸まで海が侵入していた
（薄いグレーの部分）。

や石垣島と西表島の間、新島と式根島の間などは、それぞれつながっていたと考えられる。

1万年以上も昔の話というと、とても古い昔のように感じるかもしれない。しかし、長い生物の進化の歴史を考えるとつい最近のことである。現生動物で最長寿とされるアイスランドガイでは推定507歳の記録がある。ヴュルム氷期の最盛期なぞわずかこの貝40個分、大鍋なら一度で湯がける程度の手の届く過去なのである。

島にも寿命がある。生まれてすぐに消える島もある。何億年も沈まなかった島も、いずれはプレートと共に移動して大陸にぶつかり、のみ込まれるかもしれない。人間に比べれば島の寿命は長く、いつまでもそこにありそうに見える。しかし地球の歴史を見ると、大地は動き、島は浮沈を繰り返している。だからこそ生物相に変化が生じ、島ごとに多様な履歴をもち得るのだ。変化こそ、島の生物学の魅力の背景である。

**縄文海進**
内陸部まで貝塚が発見されるのは、縄文海進の時に海が入り込んだためである。昔の人々にはさぞ不思議だったことだろう。奈良時代初期に編纂された『常陸国風土記』によると、巨人ダイダラボウが食べたときに捨てた貝殻が貝塚になったとある。

世界の海に無数の島々が浮かぶ。正確には海底に基礎を置いているので、浮かんでいるわけではないのだが、そこはそれ詩的表現だ。とにもかくにも島々にはそれぞれの歴史があり、異なる個性を宿している。その来歴の違いゆえに、すべての島に固有の生態系が生じる。

生物学者の私にとって大切なのは、島の上にへばりつく生物たちである。しかし、その性格を決するのはとりもなおさず無生物である島の本体そのものの履歴なのだ。世界各地に大地の女神を崇める民族が数限りなくいるのも納得である。島の大地の基盤なくして、研究者としての私も存在し得ない。私も女神の崇拝者の一人だ。

ウミイグアナ
ガラパゴス・サンタクルス島

# 第2章 島に生物が参上する

島の成立は物語の初期設定にすぎない。スター・ウォーズでいえば、テーマ曲に支えられながら流れるオープニング・ロールである。そこに生物が到達して初めてにぎわいが生まれ、それぞれの物語が編まれていく。海に隔てられた特殊空間に生物がたどり着くことは容易ではない。容易ではないが、不可能でもない。島に活躍の場を求めるキャストたちが通過すべきオーディションが始まる。

# 1 島に招くには、まず隗(かい)より始めよ

## そうだ、島に行こう

さて、大陸の一部がプレートの移動に伴って分裂し、大陸島ができたとしよう。その島が独立したとき、そこにはすでに土があり、森林があり、動物が住んでいる。しかし、海洋島が生まれたとき、そこにはなにもいない。

このような島に陸上生物が生息するためには、海を越える必要がある。

現代人は、船や飛行機を駆使して労せず海を越えられるため、その大変さをよくわかっていない。しかし、人間が自在に海を越えられるようになったのは、船を開発した、たかだかここ数万年のことである。

野生生物たちはそれより遥か遥かに昔から、島への移動を繰り返してきた。その点で、島に住む生物たちは人間よりも高い移動性能をもつといえる。はたして彼らはいかにして島に到達できたのだろう。

まず考えられるのは、自発的に移動することだ。陸上生物にとって、自ら海を越える方法は三つある。飛ぶか、泳ぐか、地中に潜行するかだ。

空を飛べる動物といえば、もちろんなにより鳥類である。なぜ筆頭が鳥なのかといえば、もちろん私が鳥類学者だからだ。

## 鳥飛べる海越える鳥

鳥類は翼をもち自由に空を飛べるため、たとえ海があったとしても、ほかの生物に比べて容易に移動できる。実際のところ、船で海上を航行しているときに最も頻繁に出会う動物は、鳥類なのである。

季節にかかわらず一年中同じ場所にいる鳥を留鳥と呼ぶ。これに対して、季節移動する鳥は渡り鳥といわれる。渡り鳥の多くは高緯度地域で繁殖し、低緯度地域で越冬する。その間に、様々な場所で海を越えることになる。

彼らは基本的には毎年同じルートを通り、同じ繁殖地と同じ越冬地を行き来する。ハチクマというタカでは、秋の南下ルートと春の北上ルートで経路が異なることが知られているが、それぞれの季節では毎年同じ経路をたどる。

だからといってすべての渡り鳥が同じルートを通るわけではなく、種ごとに異なる経路を利用している。同じ種であっても、多数派から離れてマイナーなルートを通るものもいる。たとえば、多くのツバメが南西諸島を通過するにもかかわらず、太平洋のただ中の伊豆・小笠原諸島を通過する個体も少数ながらいる。

こうして多くの鳥が各地の海洋上を移動する。私自身も、

**留鳥**
一年中、日本で見られるが、じつは渡りをしている鳥も多い。留鳥といわれるヒヨドリも、冬には渡りをする個体が混じっていたりする。

**ハチクマ**
タカ目タカ科の鳥類。ハチが大好物の変わったタカ。昨今、台湾で養蜂が盛んになったためか、渡りをやめて台湾に留まるものも出てきているらしい。

海上を大群で渡るヒヨドリに目を奪われたこともあれば、疲れ果てて船上に降りて来たマミチャジナイを、天使のように優しく保護したこともある。渡りの途中の小鳥が、我が聡明なる頭の上にとまったことがあるのは、私の小さな自慢だ。

彼らは休息場所を求めて島が点在するルートを使用することも多いだろう。島が点在するということは、そこは島が生まれやすい場所だということにほかならない。海底火山がたくさんあるのかもしれないし、海底が浅く隆起しているのかもしれない。新たに生まれた島に、鳥が立ち寄るのも時間の問題だ。

**我が聡明なる頭の上に**
おわかりいただけただろうか……これがその決定的な証拠となる写真である。

## それでも鳥は、移動する

賢明な読者諸氏は、すでに気になっているかもしれない。渡り鳥は、季節が過ぎればまた移動してしまう。ならば、新たな島が現れて偶然そこを訪れようとも、その鳥はまた春になると北に向かって飛んでいってしまう。つまり、彼らはあくまでも百代（はくたい）の過客（かかく）であり、その島に定着しないのではないかと。

たしかに多くの場合はその通りだ。しかし、ときには飛来した鳥が故郷に帰ることをやめ、新天地に新生活を求めることもある。

小笠原諸島では、戦前には生息記録のないトラツグミが１９６０年代頃から繁殖をはじめ、現在は諸島内のほとんどの島に分布を広げている。大東諸島では、在来のダイトウウグイスが絶滅したが、北方から渡ってきたらしいウグイスが１９９０年代から定着した。喜界島では、過去に冬鳥として飛来していたモズが、２０００年代から繁殖するようになった。

鳥類の分布は一定ではなく、常に分布拡大を狙っている。彼らは、西部劇や北海道にも引けを取

トラツグミ

鵺

**トラツグミ**
スズメ目ツグミ科の鳥類。夜、高く細い悲しげな声で「ヒィー、ヒィー」と鳴く。サルの顔、タヌキの体、トラの足、ヘビの尾をもつ妖怪・鵺（ぬえ）に、鳴き声が似ているとされる。横溝正史原作の映画『悪霊島』において、この鳥の鳴き声が登場する。キャッチコピーは「鵺の鳴く夜は恐しい」。

らない開拓者精神をもっているのだ。

　移動をするのは渡り鳥だけではない。一般に渡りをしない鳥でも、人生のある時期に長距離移動することがある。たとえば、スズメは一年を同じ場所で過ごす鳥だが、若鳥はときに数百キロを移動することも珍しくない。新潟で脚輪をつけられた個体が、約６００キロ離れた岡山で見つかったこともある。

　ある個体が生まれ育った場所には一族郎党が多いだろう。この場合、集団としての結びつきが強くなりそれはそれで利益になるだろう。その一方で、近親交配が進みやすく遺伝的な問題が生じる可能性もある。近親者同士での資源を巡る競争という、骨肉相食む(こつにくあいは)昼ドラ的不都合もあるかもしれない。このため動物界では、出生地にとどまらず別の地域に移動するという戦略が生じることがしばしばあるのだ。

　このような移動は主に若鳥によるもので、出生分散と呼ばれる。無謀に見える挑戦ができるのは若者の特権だ。もちろん、地の利のない地域での生活は心細く、寂しくて死んじゃうかもしれない。しかし、そんな移動性の個体がいるからこそ新時代が幕開けるのだ。大都会での一人暮らしの思い出は、不安よりも希望に彩られているものである。

## 名は体を表さないときもある

陸域で生活する鳥を陸鳥と呼ぶ。これに対し、海を生活の場に選んだキャプテン・ハーロックのような鳥を海鳥と呼ぶ。海鳥なら海の生物ではないか、陸地である島の話に口出すなバカモノ、と疑義を唱える人もいるかもしれない。確かにその意見ももっともだ。しかし、海鳥とはいえ一生を海上で過ごすわけではない。

彼らも繁殖には陸域を使う。カモメやアホウドリは草地に、ミズナギドリやウミツバメは地中に、グンカンドリやシロアジサシは樹上に巣を作る。とにかく、海上に巣を作る鳥はい

**寂しくて死んじゃう**
ウサギは寂しいと死んじゃう説が1990年代後半に流れた。酒井法子主演のドラマ『ひとつ屋根の下』最終回でのセリフが噂の元だが、決してそんなことはない。

**キャプテン・ハーロック**
松本零士作品にたびたび登場する宇宙海賊。漢の中の漢。宇宙の海を股にかけている。

**彼らも繁殖には陸域を使う**
もし海の上にぷかぷかと浮く巣を作ってしまったら、サメに丸のみにされる恐怖に怯え、スリリングな日常を過ごすことになってしまうことだろう。

ないのである。

海鳥のよいところは、陸地にたいした期待をしていないところだ。生活の基本は衣食住である。服を着る鳥はチキン・ジョージぐらいだし、海鳥の食物は海産物である。このため、住を充足させる大地だけあれば、海鳥は島で暮らせるのだ。

ホヤホヤの島には土もなければ木もない。そのような状況でも、地上や岩棚に巣を作る海鳥なら難なく繁殖できる。クロアジサシは、漂着した木の枝や、ときには骸（むくろ）となった同胞の骨を使って巣を作る。アナドリは巣らしい巣も作らず、岩陰に卵だけを産んで安心する。このように、陸上生態系に依存せずに生きられるのは、海鳥のアドバンテージである。

しかも、その移動能力の高さは折り紙付きである。アホウドリの仲間なら、風に乗り時速１００キロも夢じゃない。グライディングでの飛翔はエネルギー効率がよく、長距離移動を苦にしない。食物となる魚が多産する場所まで１千キロ移動し、また１千キロ戻ってきて平気な顔をしていたりする。

**チキン・ジョージ**
楳図かずおの怪作ＳＦ漫画『14歳』に登場する、人間の体にニワトリの頭をもつキャラクター。

ガラパゴスアホウドリに発信器をつけた研究では、1回の採食のために延べ3500キロも移動した例もある。ちょっとコンビニ感覚で、東京から札幌までラーメンを食べに行けるのだ。

さらに海上に浮かんで休息することもできる。世界の海は俺の海といわんばかりに、大洋のど真ん中にも到達できる。どんな新島も彼らの目から逃れることはできない。

## 空は誰のもの

空を飛べる動物は鳥だけではない。自発的な飛翔は、ラムちゃんをはじめとして、哺乳類であるコウモリや昆虫も行う。

コウモリは熱帯を中心に多くの島に分布する。海洋島である小笠原諸島や大東島にもオオコウモリがおり、夜になるとギィギィ騒ぎながらわっさわっさと飛んでいる。ミクロネシアやメラネシアなど太平洋の島々にも分布する。空を飛び海上を移動する能力をもつ点で、彼らは鳥と同じ意味をもつのだ。ヤマコウモリやオヒキコウモリの仲間では、渡りを行う種さえいる。

昆虫が空を飛ぶこともご存知の通りだ。ウスバキトンボやアサギマダラでは、海を越えて渡りを行う。海を舞台に生活するウミアメンボというチャレンジングな昆虫もいる。自発的な飛翔により島に到達することができる動物は、多くはないものの鳥だけではないのだ。

一方で、ムササビやモモンガ、トビトカゲも空を飛ぶが、彼らの飛行はどちらかというと落下に近い。皮膜を広げて落下速度を和らげ、斜め方向に落ちていっているようなもので、自由自在に空を飛べるわけではない。たとえ海沿いの断崖絶壁からジャンプしても、せいぜいライフセーバーの手の届く範囲に落下してしまうので、島への到達

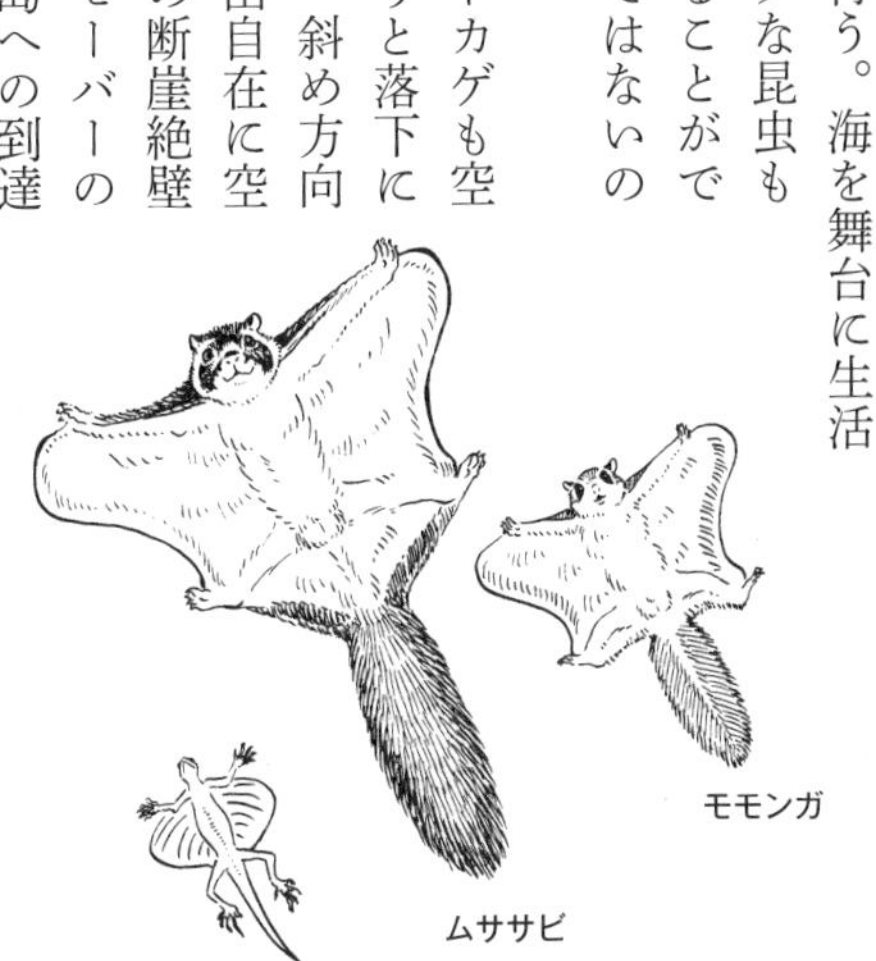

は難しそうだ。

## 飛ばない鳥は、ただのスイマーだ

飛ぶだけが鳥の能力ではない。一部の鳥が泳力に秀でることはご存知の通りである。残念ながら、世の中には空を飛ばず海に潜る鳥がいる。しかし、それを残念がり哀れむのは、大きなお世話である。空が彼らを捨てたのではない。彼らが空を捨てたにすぎない。

代表的な鳥はペンギンである。ペンギンだけでなく、中生代にはヘスペロルニスが、19世紀まではオオウミガラスが、現代でもガラパゴスコバネウが同じ地位を得ている。

最古のペンギンであるワイマヌは、ニュージーランドの約6千万年前の地層からも見つかっているが、その頃からすでに空を飛べなかった。つまりそれだけの期間続く由緒正しい無飛翔性なのだ。しかし、現在でも約20種のペンギンが、ニユージーランドやアフリカを含む広範囲に分布している。

ペンギンは南極の氷の上で四六時中震えていると思われがちだ。コウテイペンギンやアデリーペンギンは確かにその通りだが、南極以外で震えている種もたくさんいるのだ。イワトビペンギンやオウサマペンギンは、南極海周辺のさまざまな島に分布する。

南米の西海岸においては、南緯40度以上ではマゼランペンギンが、南緯5～40度ぐらいまでは、フンボルトペンギンが海岸に張りついている。そして、赤道直下のガラパゴス諸島にはガラパゴスペンギンがいる。

飛ばない彼らは、もちろん各地へ泳いで行ったはずだ。うまくサメを騙して並ばせて背中の上を歩いていったという逸話もあるが、信頼性は低い。このように、泳いで島に分布を広げている動物もいるのである。

**うまくサメを騙して**
日本でも古来、サメを騙す風習があったと伝える文献がある。

## シカは泳げ、イノシシは転がれ

飛翔が鳥の専売でないように、泳ぐのも鳥類だけではない。ほかの陸上動物でも泳ぐことのできるものはいる。有名なのはゾウだ。彼らは鼻をシュノーケルのようにして、海を泳いで渡れる。これまでに、48キロの距離を泳いだ記録もある。

ときにはシカも泳ぐ。沖縄県の慶良間諸島に住むケラマジカは、島間を泳ぐことが知られており、島渡りと呼ばれている。ただし、ケラマジカは約３５０年前に鹿児島から慶良間諸島の久場島に移入された外来種と考えられている。現在は、屋嘉比島、阿嘉島、慶留間島など多数の島に生息するが、これは、泳いで分布を広げた可能性がある。

海を泳ぐシカは北海道や金華山周辺などでも観察されており、ときどき新聞をにぎわしている。アメリカのフロリダキーズ諸島でも、キーディアという絶滅危惧種のシカが頻繁に島間を泳いで移動しているようだ。

慶良間諸島ではシカだけでなく、恋人のマリリンに会いに阿嘉島から座間味島までの約３キロの海を泳いで渡ったイヌの逸話も有名だ。長崎県の本土から約30キロ離れた壱岐（いき）では、イノシシが海を泳いで侵入し農業被害を出して話題になったこともある。

もちろん、『パイレーツ・オブ・カリビアン』にてジョニー・デップが海底を歩いて移動したことも忘れてはならない。泳がずに歩いて渡るという、コロンブス的発想に脱帽である。

いずれにせよ、哺乳類でも短距離なら頑張れば泳げるのだ。

さて、飛ぶ、泳ぐ以外のもう一つの自発移動、地中潜行による島への移動を成し遂げた動物は、マントル内を移動して富士山まで来たゴジラぐらいだ。地中の専門家のモグラでも、せいぜい深さ４、５メートル、かなり浅い海でないと越える

**イヌの逸話**
会いたかったのはマリリンだけではなかったようである。なかなかのプレイボーイだが、それなりの努力を積んでいることには頭が下がる。

短距離なら頑張れる。

のは難しいかもしれない。海洋島にモグラが分布していないのも、道理である。

## 2 食べれば海も越えられる

### 受け身の達人

世の中には、積極的に努力して目的を成し遂げることを至上とする軽佻浮薄（けいちょうふはく）な流行がある。そんなことはスポーツ系の少年漫画に任せておけばよい。だいたい、相手が強いほどやる気が出るのはサイヤ人ぐらいのものだ。私は受け身原理主義者であり、受け身向上委員会会長に指名され、月刊『受け身』の編集長に破格の大抜擢（だいばってき）を受けそうなくらい、受動的な生き方を肯定している。

そんな私と同じ受け身原理主義的生物も、大海を越え島に至る旅に出る。受け身だからといって、旅が嫌いなわけではないのだ。彼らは自発的に移動できない以上、乗り物を利用するしかない。ここで利用される媒体は三つのWと呼ばれる。Wing、Wind、Waveだ。三つのWと聞くと、Wild Wild Westを思い出す人も多かろう。酷評する者もいる映画だが、私はあれはあれでアリだ。

さておき、Wingとは無論鳥である。鳥類の移動能力の高さは先に述べた通りだが、鳥の飛翔力がもつ意味は自発移動だけではない。ほかの生物の乗り物となり分布拡大に寄与することにもある。

## 食べてもヘソから芽は出ない

最も容易に想像されるのは種子散布である。鳥は、さまざまな植物の果実を食べ、種子をばらまく。これを被食型散布、または周食型散布と呼ぶ。トマト農家にとっては、メジロやヒヨドリがつつくのは単なる迷惑でしかないだろう。しかし、トマト本人にとっては食べられることは生き残りのための戦

**トマト**
南アメリカのアンデス山脈の高地を原産とする、ナス科ナス属の植物。アステカの人々により古くから栽培されていた。植物体全体に、毒性のあるアルカロイド配糖体トマチンを含み、抗菌性があり昆虫の食害を防ぐ。実が熟すに従い、トマチンの含有量は減少する。

略なのである。

トマトは熟す前は目立たぬ緑色を呈し、しかもおいしくない。ホワイ？　鳥に見つかって、食べられたくないからである。熟すと赤く目立ちおいしくなる。ホワイ？　鳥に見つけられ食べられて種子を運ばれたいからである。熟した種子の周りはにゅるっとして噛み砕きにくい。ホワイ？　種子をつぶされたくないからである。

さて、ここで真に熟したのは果実ではなく種子だ。種子が熟すまでは食べられたくないが、種子が熟せば鳥に食べてもらい遠くまで散布してほしいのである。

一般に、親木の周りはあまり条件がよくない。なぜならば、次世代にとってはそこにある親木こそが最大のライバルとなるからだ。親が威張っている間は地上に届く光も少なく、土中の栄養分も減らされ、伸び伸びと育つ余地がない。また、その植物がかかる病気や害虫の密度も高いはずだ。そんなところにいてもよいことはないので、とっとと親元を離れるのが吉だ。根拠のないバラ色のキャンパスライフを夢見て一人暮らしに憧れる高三の夏は、ヒトも種子も変わらない。

また、糞内の種子の方が鳥に食べられなかった種子よりも発芽率が高いこともしばしばある。消化管内で種子の表面が傷ついたりふやけたり、果肉に含まれる発芽を阻害する物質が除かれたりすることで、発芽しやすくなるのだ。種子にとっては、食べられることが生長のワンステップといえる。糞にまみれることは恥ではなく、むしろエリートコースなのである。

果実を食べる鳥の種類はじつに多い。メジロのような小鳥、なんでも食べるカラスはもちろんのこと、普段は昆虫を食べているツグミの仲間や海産物を好むウミネコも、果実を食べて種子を散布することが知られている。

植物の種子は、果肉というチップを介して鳥というタクシーと共に共進化してきたのだ。

イソヒヨドリの糞の中のイヌホオズキの種子。

タクシーと共進化。

## トイレは近くにありますか

しかし、ここで一つ問題がある。鳥の排泄は非常に早いのだ。鳥類は空を飛ぶため、体を軽く保ちたい。もとより、消化できないものを体内にためておいてもしょうがない。

果実を食べた後の排泄は著しく早い。ヒヨドリでの実験では早ければ15分、長くとも2時間程度だ。多くの鳥が似たようなものである。とにかく、ロケットペンシルみたいな体だと思ってもらいたい。

しかも悪いことに、果実は1本の木に無尽蔵に実ることが多い。このため果実を食べ始めると、そこで長時間を過ごしてしまう。場合によっては食べ終わった後に、のんびり休息したりする。そうなると排泄も同じ場所で行うため、植物の思惑は外れ種子のほとんどは母樹の足元に落ちる。これでは島まで到達するのは容易ではない。しかし、ときにはイレギ

**ロケットペンシル**
本体内にいくつかのカートリッジ式の芯を内蔵した鉛筆。芯がなくなったら、先端から外し、ペンの後ろからその芯を押し込むと次の芯が出てくるしくみ。

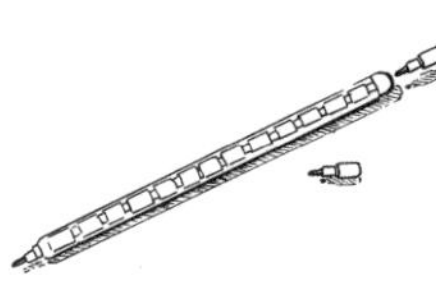

ュラーな事態も発生するはずだ。

渡り鳥が木の上で果実を食べているとニホンザルがやってくる。あろうことか、樹下にいるアカテガニに向かって未熟な果実を投げつける。これに驚いた鳥は枝から飛び立ち、そのまま一気に目の前の海を飛び越えにかかる。カニとサルの物語はハチやウスを巻き込みながら別の話として楽しく進行するが、ここでは鳥に注目する。消化管に残る種子が排出されるまで、最大2時間の猶予がある。

この鳥が平均時速60キロで飛べば、種子の到達距離は120キロだ。伊豆半島から三宅島までは行けそうである。三宅島にはニホンザルがいないので、ミヤケアカネズミに頼んでモクズガニへ未熟果を投げてもらい、鳥がまた飛び立つ。島伝いにカニを犠牲にしつつ、少しトイレを我慢すれば、八丈島、青ヶ島、鳥島までは行けそうだ。

しかし、さらにその南はどうだろう。伊豆諸島の鳥島から次の小笠原までは400キロのギャップがある。太平洋の真ん中のハワイに至っては周囲千キロ以上にわたって島が存在しないし、サルもネズミもいない。普通の鳥ではなかなか種子を運ぶチャンスがなさそうだ。

このような事情により、鳥の被食型種子散布では、遠く隔離された島まで種子が到達するのは難しいと考える向きもある。

ここで実際の島の植物を見てみよう。ハワイやガラパゴス、小笠原などの植物について、その果実や種子の形態から散布方法を論じた報告がある。果肉があれば鳥の被食型散布、水に浮く器官があれば海流散布、羽状の器官があれば風散布という按配(あんばい)だ。このようにして分類した結果、いずれの島でも約6、7割が鳥散布型の植物に占められていた。そして、鳥散布型植物の半数は後述する付着型散布だったが、残りの半数は被食型散布が占めていたのだ。

## ハワイ旅行も夢じゃない

つまり、ハワイのようにメインランドから数千キロも離れていても、鳥が食べて散布する植物が現実に多数生育しているのだ。この事実を否定することはできない。普通には起こりえない長距離散布が、長い時の流れの中では実際に生じているのである。

それは数万年や数十万年に一度のことかもしれない。でも確かに、植物の種子を消化管の中に入れたまま、数百キロから数千キロの海を越えたのだ。

鳥にも盲腸がある。これは大腸の上端にあり、消化管から分岐して行き止まりになっている器官だ。盲腸は植物の繊維質の消化を助ける部位で、肉食の鳥ではあまり発達しないが、植物食の鳥では長く発達している場合がある。ここに丈夫な種子が入り込み引っかかれば、排出までにかかる時間は通常より長くなるかもしれない。

水生植物のカワツルモの一種は、オーストラリア、日本、ロシアのとても離れた場所に隔離して分布している。カモなどの水鳥はこの植物を好んで食べ、しかも消化管を通り排泄されると発芽率が高くなる。このため、鳥が分布拡大に貢献したと考えられている。小笠原諸島の無人島の汽水湖でもカワツルモの仲間がポツンと分布しているが、ここはカモ類やシギ類などの渡り鳥をよく目にする場所なので、さもありなんというところだ。

シギ類には、ロシアから日本を通過してオーストラリアまで移動する種も多い。彼らは主に干潟(ひがた)の小型動物を食べるが、アカアシシギやオグロシギなどの糞からはハマミズナ科やキク科などの種子が見つかっている。きっと長距離の運び屋になっていることだろう。

残念なのは、長距離散布の研究が植物の分布と鳥の食性から推定した状況証拠によるもので、確実な直接証拠がない点だ。鳥による長距離散布は極めてレアな現象で、まさに海の向こうから運んできた種子を含む糞を目の前にする確率は非常に低い。満員電車でナタリー・ポートマンと恋に落ちる確率よりも低い。しかし、あきらめたらそこで調査終了である。
　いつか渡り鳥の糞から、夕張メロンやとちおとめなど産地が特定可能な種子が見つかる日を夢見て、調査を続けていこう。

## それはもう、種子も同然

　鳥に被食型散布されるものは種子だけではない。動物を運ぶこともある。
　これまでの報告では、ノイバラの種子に寄生するオナガコバチ科のハチの例がある。ハチが寄生している種子をマネシツグミという鳥に食べさせたところ、糞の中で約50％のハチが生き残っていたという事例だ。またスペインでは、野生の

**夕張メロン**
品種名は「夕張キング」である。

**とちおとめ**
イチゴの品種のいくつかは、DNAマーカーにより産地の特定ができるしくみが整っている。

**マネシツグミ**
スズメ目マネシツグミ科の鳥類。このなかまは南北アメリカに生息し、鳴き声のレパートリーが豊富で複雑に鳴く。その名の通り、物まねも得意で、ほかの鳥や哺乳類の鳴き声、さまざまな物音もまねをする。

オグロシギの糞から生きたシオユスリカの幼虫が検出されている。陸上動物ではないが、水の中にすむミズツボ科の小型巻き貝がツクシガモに食べられて、糞の中から生きたまま出現した例もある。

　そんなことは極めて稀なケースかとお思いだろうが、私自身も似た事例を目の当たりにしたことがある。ある日、無人島で鳥を捕獲していたところ、糞の中から多数の小型カタツムリが出てきたのだ。ヤマキサゴやノミガイという直径5ミリにも満たない微小貝である。その時はショボいカタツムリだなぁと思っただけだったが、後にそれを東北大学の研究者に見せたところ、中身は消化されておらず排泄時には生きていた可能性があるというのだ。

　そんな莫迦(ばか)なことはあるまいと呵呵(かか)大笑しながら、カタツムリの研究者と共に微小貝をメジロやヒヨドリに食べさせてみた。すると、驚くべきことに約15%の個体が生きたまま排出されたのである。カタツムリは殻に閉じこもることで、植物の種子と同じように振舞っていたのだ。訓練されたカタツムリを使えば、胃カメラの代わりに健康診断に使えそうな例である。

このように、植物以外の生物も鳥の消化管内を生きたまま通過できるため、小型の動物なら鳥によって島まで運ばれていたとしても不思議はない。とくに、種子と同じように堅い構造物で守られている動物でならそれが可能だろう。貝類や種子内の昆虫でなくとも、頑健なキチン質に覆われた小型の甲虫などであれば、同様のことが起こるかもしれない。ダンゴムシなんかにも、頑張ってほしいところである。

こんな散布様式はもちろん高頻度(こうひんど)なものではなく、あったとしても被食型種子散布よりもさらにさらにレアな現象で、イヌが歩いて棒に当たる確率とほぼ同程度と試算される。しかし、島という特殊環境では、低頻度で生じる偶然の移動でも生物相の成立に重要な役割を果たし得るのだ。そもそも海というバリアは圧倒的に高く、レアな現象も大歓迎な場所だ。

低い確率であっても海を越える可能性があれば、それは島では十分に現実的な経路なのである。

## ときにはブナの似合うカケスのように

もう一つ、鳥の食物として運ばれる方法として貯食型散布がある。鳥の中でもカラスやヤマガラ、ドングリキツツキなどは、種子が豊富な時期にたくさん集めて蓄える性質がある。栄養価が高く貯蔵しやすいドングリは、しばしば貯食の対象に選ばれる。

ドングリは一般に重たく、風ではなかなか飛ばされない。また、栄養価が高いため種子の本体が食べられてしまい、消化管経由の散布はあまり期待できない。しかし、貯食のために運ばれ食べ残されることで、分布を拡大できると考えられている。

北海道の南部にはブナが分布している。ブナは比較的温暖

**ヤマガラ**
昔はよく、神社の縁日でおみくじを引く鳥の出し物を見かけたものである。お賽銭を賽銭箱に入れ、鈴を鳴らすと、おみくじをもってきてくれる。今思えばものすごい達者な芸当であった。

な地域に生育し、その分布の中心は本州にある。古い地層に含まれる花粉の化石を分析した研究から、ブナは約6千年前頃に北海道まで分布を広げたと考えられている。

約6千年前といえば、今よりも気温が高かったとされる縄文海進の時期だ。この時期の海水面は現在よりも若干高く、北海道と本州がつながっていたわけではない。その時期にブナが津軽海峡を渡り道南に分布を広げられたのは、貯食型散布による可能性があると指摘されている。

この地域にはカラスの仲間であるカケスが生息し、ブナの種子を貯食のためにせっせと運搬している。北海道と本州の距離は最短でわずか17・5キロメートル。カケスが時速50キロで飛べば1時間もかからない。十分に種子を運べる距離だ。

残念ながらカケス運搬説にはなんの証拠もない。しかし、大きさ1センチを越えるブナの種子を、鳥が海を越えて運んでいるとしたら、ちょっとした絵本になりそうな素敵な光景

**ドングリキツツキ**
北アメリカから中央アメリカに分布するキツツキ類。枯れ木や電柱などにたくさんの穴を開け、それぞれの穴にご丁寧にひとつひとつドングリを埋めこむ。この習性がおもしろいせいか、図鑑などで大きく扱われることも多い。しかし、びっしりと並んだ穴に、びっしりと入ったドングリという絵柄は、ぶつぶつ恐怖症の人をひたすら総毛立たせてやまない。

ではないか。こういう説を無闇矢鱈(やたら)と信用したくなるロマンチシズムも、ときには許してほしい。

絵本になりそうな
素敵な光景。

# 3 太平洋ヒッチハイクガイド

## あなたの種子を数えましょう

先述の通り、島における鳥散布植物の半分は付着型散布である。被食型散布が果肉を対価とするタクシーだと考えると、付着型散布はチップを払わないヒッチハイクだ。いや、本人の了承を得ていない密航といってもよい。

オナモミはみなさんよくご存知だろう。いわゆる引っつき虫だ。このような種子は、決してズボンに向かって進化してきたわけではなく、哺乳類の毛や鳥の羽毛に引っつきたいのだ。動物の体表面を目指して進化してきた植物が、この世界には多数存在する。

そこで私も、小笠原の海鳥を相手に、学生と共に羽毛上の

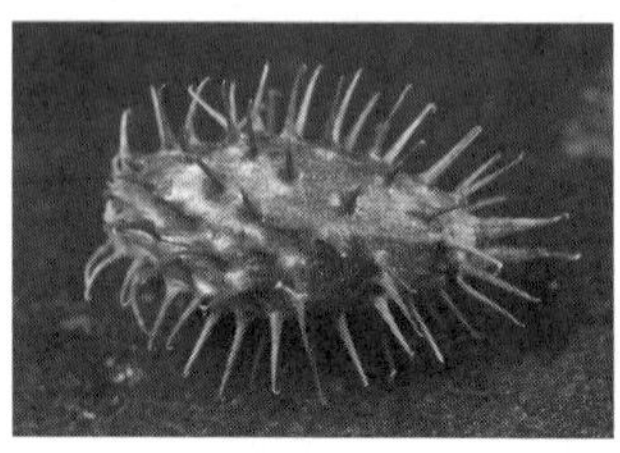

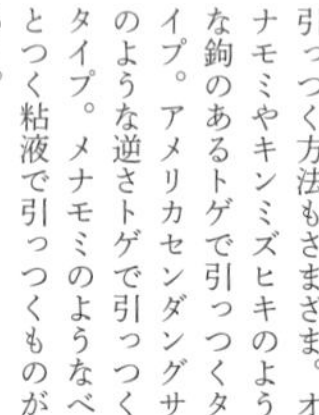

**引っつき虫**
引っつく方法もさまざま。オナモミやキンミズヒキのような鉤のあるトゲで引っつくタイプ。アメリカセンダングサのような逆さトゲで引っつくタイプ。メナモミのようなべとつく粘液で引っつくものがある。

種子を調べてみた。素知らぬ顔でクロアシアホウドリやカツオドリをむんずと捕まえて大きなプラスチック容器の上に置き、全身の羽毛を手でワシワシとかきむしるのだ。じつに悪役気分の高まる調査であり、相手が人間なら即逮捕の所業である。

ときには鳥に激しく抵抗され、くちばしで怪我をすることもある。しかし、大型鳥の捕獲は狩猟本能を刺激し、単なる仕事以上に気持ちが盛り上がるので、我慢ができる。

調査の結果、海鳥の体表からは粘着物質で付着するナハカノコソウや、カエシのついたトゲをもつシンクリノイガなど、典型的な付着型種子が見つかった。しかしそれだけではなく、通常は風散布とされるタンポポの仲間のオニタビラコや、ただ小さいだけのカタバミの種子も発見された。風散布用の小さな冠毛は、羽毛の中に紛れ込むと引っかかりやすいし、小型の種子ももちろん紛れ込める。

また、被食型散布とされるイヌホオズキの種子も含まれて

**ときには鳥に激しく抵抗され**　調査中には魚臭い吐き戻しで返り討ちにあい、テンションがダダ下がりすることも珍しくない。これが服にかかると、洗濯してもなかなか臭いがとれないので要注意だ。

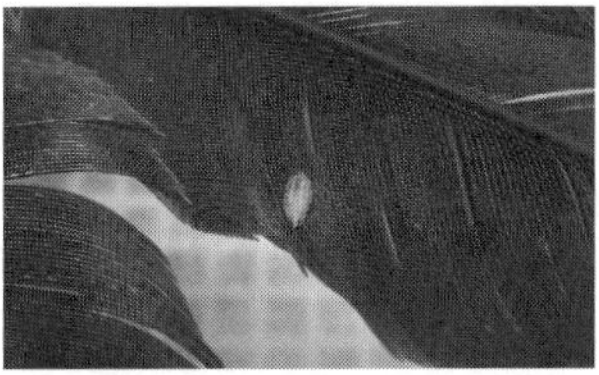

カツオドリの羽毛についたナハカノコソウ。

いた。小さなトマトのような果実は、つぶすと果肉がベタベタする。この果肉が粘着器官となり、鳥の羽毛についていたようだ。どうやら、通常は被食型と考えられている植物であっても、付着によって長距離散布されている可能性がある。

被食型散布では腸内通過時間の制約で散布距離が制限されることは前述の通りだ。そう考えると、じつは果肉による付着散布は有意義な経路になっている可能性もある。信じられなければ、熟したブルーベリーをフローリングにばらまき、その上でゴロゴロと転がってみるとよい。間違いなく親にこっぴどく怒られることだろう。

私たちの調査では、海鳥の約1割に種子がついていた。その頻度は低いように見えるかもしれないが、海鳥はときには数千ペアや数万ペアで集団繁殖を行うため、総数としての種子散布への貢献は小さくないはずだ。

## 好き嫌いがあります

アメリカ東海岸でのカモの調査では、約8割の個体から種子が見つかっている。調査は海沿いの沼地で行われ、付着していたのも主に湿地の植物だ。水を介することで種子が付着しやすくなっているのだろう。カモやシギの体に種子がついている例は世界各地で報告されており、付着散布の媒体が海鳥だけじゃないことがわかる。

韓国の紅島（ホンド）では、渡り鳥の羽毛に付着した種子の調査が行われている。ここでは、サギ、クイナ、ハトから、イノコヅチの種子が見つかっている。彼らは草地を歩き回るため、草原に生えるイノコヅチが付着しやすかったのだろう。ただし、ここで種子が見つかったのは、約4千個体中わずか3個体だった。

韓国の例ではスズメ目の鳥が多数捕獲されているが、種子

**スズメ目の鳥**
スズメ目は鳥類1万1千種のうち、6千種をしめる最大グループ。

は見つかっていない。スズメ目は、ホオジロだのツバメだの身近な小鳥の多くを含むグループだ。私もこれまでに数千羽の小鳥を捕獲してきたが、やはり種子の付着は見たことがない。

　これまでの知見では、海鳥とカモの仲間が付着型散布の主なベクターと考えられている。これは、体が大きいことや、種子のつきやすい水辺や草原に住んでいることなどが原因と考えてよさそうだ。体が小さければ植物を避けやすいし、森林の樹木には付着型の種子は多くない。

　要するに、そもそも男子校では恋のチャンスなんてないのと同じである。残念だが、私も男子校出身で暗黒の思春期を過ごした。しかも、母校は卒業後に共学化したのだから目も当てられない。

ときには迷惑もかけます

付着型散布の場合は被食型のように時間制限がないため、種子が長距離を移動可能となる。とくにヒッチハイクの相手が海鳥であれば数千キロでも移動可能である。

先に、島に存在する鳥散布植物の半数が被食型、半数が付着型と書いたが、この散布様式はあくまでも果実や種子の形状から推定されたものである。小笠原の海鳥の体から見つかった種子を考えると、付着散布型と考えられていない植物でも、じつは付着して運ばれているかもしれない。

付着型散布は、植物にとって効率のよい方法である。なにしろ、果実のようなコストのかかる代償を提供する必要がない。必要なのは、鳥の体に付着するための小さなトゲなどであり、コストは極めて小さい。

ただしこの方法は、ときには鳥にとって大迷惑となる。太平洋の島々に分布するトゲミウドノキの果実は粘着性が強く、海鳥によく付着する。シロアジサシでは、果実が全身につき身動きできなくなり、そのまま死んでしまうこともある。い

わば、子泣き爺型のヒッチハイカーといえよう。こうなると種子も運ばれないのでやりすぎといわざるを得ない。

鳥は比較的きれい好きで、暇さえあれば羽づくろいをする。このため、すぐに体に付着したものをとってしまい、付着散布は起こりにくいとも思える。確かに多くの場合、種子は短時間で落とされてしまうことだろう。しかし、野外では頭に種子をつけたまま、威風堂々としている鳥を見かけることもある。羽毛には神経が通っているわけではないので、気づかなければ致し方ない。とくに後頭部は見えないから、どうしようもなかろう。だからといって、私はバカですと書いた紙を背中に貼るのは、卑怯だから絶対にダメですよ。

海鳥の調査をしていると、巣の玄関口に付着型植物が生えていることがある。小笠原では付着型植物の分布と海鳥の繁殖分布に相関があることもわかっている。きれい好きだがうっかりさんの彼らは、巣で羽づくろいをした結果、種子を玄関に散布しているのだ。そして巣から飛び立つとき、その種

子がまた羽毛につくのだ。もう種子の思うつぼである。

## 足についても気にしません

種子がくっつくのは、体の表面だけとは限らない。場合によっては、羽毛以外にもつくようだ。

植物のトベラの赤い果実はとてもベタベタしていて、人間が触っても若干イラっとする。この果実を食べる鳥のくちばしなどに種子が粘着する、としばしば植物の本に書かれている。しかし、私の知る限り、トベラの果実はメジロやヒヨドリに丸のみにされていて、くちばしに粘着している姿は見たことがない。

ときどき植物学者と鳥類学者で、意見が食い違うことがあるのだが、これもそのケースかもしれない。トベラの種子は5ミリほどの大きさがある。さすがに、くちばしにこのサイズの種子がくっついて気づかない鳥は、なかなかいないだろ

**トベラ**
セリ目トベラ科の低木。枝や葉を切ると臭気を放つ。地方によっては節分に魔除けとして入り口に挿す風習がある。

う。まったく、自分のほっぺにご飯粒がついているからといって、鳥をバカにするのはやめてほしいものだ。

こんな状況では、たとえ一時的についたとしても、その場ですぐに落としてしまうだろう。もしかしたら、近くにいた意中の個体がそっとついばんでくれて、恋が始まるかもしれない。人の恋路を邪魔すると馬に蹴られるので、くちばし付着散布は却下だ。ただし、採食のときに体の羽毛について、そのまま運ばれることはあるかもしれない。

羽毛以外で付着する可能性がある場所は足だ。というか、羽毛が生えていない場所は、ほかに足くらいしかない。

植物には、0・1ミリ程度の砂粒のような種子をつけるものもある。たとえば、近所の畑にも生えているスベリヒユはその類いだ。このような微小種子が、泥とともに鳥の足について運ばれることもあるだろう。アメリカ東海岸でのカモの調査では、1個体あたり約0・4個の種子が、足に付着していたと報告されている。その種子のサイズは平均4・5ミリあり、そこそこ大きな種子も付着可能であることを示している。

前述のスベリヒユは、海洋島である小笠原や大東島、オーストラリアからアフリカまで広く分布している。種子が小さいため、風に飛ばされることもあるだろうが、鳥の足に付着して運ばれているとしても納得のいく話だ。

## 上昇志向の動物たち

被食型散布のときと同じように、付着型散布でも植物以外の生物が移動することがある。

アメリカでの調査では、捕まえたヤマシギの約10％で、羽毛にカタツムリがついていたという記録がある。ほかにも、マキバシギや、ボボリンク、マキバタヒバリなど、アメリカやヨーロッパの各地でカタツムリが付着した鳥が記録されている。このため、カタツムリの長距離移動では、鳥が大きな

鳥の背に乗りどこまでも。

役割を果たしていると考えられている。

実際のところ、カタツムリは非常に遠い場所に近縁な種が生息していることがあり、なんらかの方法で長距離を移動していることはまちがいない。ニルスが乗れたのだからカタツムリも乗れるさ。

水鳥の足は小動物の散布媒体としても注目されている。もちろん、マレーネ・ディートリッヒの脚線美の方が1千倍くらい魅力的だが、ここではひとまず水鳥だ。カモやシギなどの水鳥が水中の小動物を足に付着させ、世界中に移動させているというアイデアは、１８５９年にダーウィンの著作『種の起源』でも紹介されている。水辺から水辺へ移動することで、水中に住む貝類や動物プランクトンなどを運び、その分布拡大に貢献しているのだ。

水鳥の脚には二枚貝がつくこともある。とくに、干潟の泥の中で小動物を採食するシギやチドリ、沼沢地を利用するカモ類では、ときどき二枚貝が足を挟んでいる姿が観察されて

**ニルス**
スウェーデンの作家セルマ・ラーゲルレーヴの童話『ニルスのふしぎな旅』の主人公。動物にいたずらばかりしていた少年ニルスが、小さくなってガチョウに乗って、鳥たちとラップランドまで旅をする。遠く北の鳥たちの楽園に心が羽ばたく冒険小説である。作者とニルスの物語はスウェーデンの20クローナ紙幣にも採用された。スウェーデンの有名人としてはＡＢＢＡクラスかそれ以上である。ちなみに20クローナ紙幣のデザインは２０１５年に変更となり、現在は『長くつ下のピッピ』の作者アストリッド・リンドグレーン。

いる。ときには、くちばしがはさまれて困っている鳥が見つかることもある。ダーウィン自身も、イシガイの仲間の二枚貝がミカヅキシマアジというカモの足をはさんでいる例を1878年に報告している。

## 花から花へ、とまれよ遊べ

付着ではなく、もっと積極的に鳥の上に乗る生物もいる。冒険者ガンバと並んで有名なのが、ハミングバード・フラワー・マイトと呼ばれるハチドリに乗るダニだ。このダニは花の蜜や花粉を食べる。そして、ハチドリも花の蜜を食物とする鳥だ。ハチドリが花にやってくると、このダニがハチドリのくちばしに乗り移り鼻孔に入る。そして、また別の花でハチドリが吸蜜するとき、花に降りるのである。

ハチドリは北米、南米に生息しており、種によっては長距離の渡りも行う。この渡りのときにダニも同乗していれば、

**マレーネ・ディートリッヒ**
ドイツ出身の歌手、女優。「100万ドルの脚線美」と呼ばれた。喜劇人・小松政夫のギャグ「わりーね、わりーね、ワリーネ・デートリッヒ」の元ネタである。

**冒険者ガンバ**
斎藤惇夫著・薮内正幸絵による児童文学の名作であり、大人も楽しめる冒険小説『冒険者たち』。ガンバはその主人公であるドブネズミ。表紙には鳥に乗って飛ぶガンバが描かれる。なぜガンバは鳥に乗って飛んでいるのか。ぜひ一読して楽しんでいただきたい。永遠の一冊。

長距離移動も夢じゃない。残念ながら、このダニが島まで運ばれたという例は寡聞にして知らない。しかし、十分に島を狙えるポテンシャルをもつ方法だ。

これは、花蜜食に特化したハチドリだからこそ担える方法である。確かにメジロのように花蜜を食べる鳥はほかにもいるが、彼らは果実や昆虫も食べる雑食だ。花蜜は季節や地域により不足することがあるため、専食となるのは危険なのだ。もし花蜜を吸うメジロをヒッチハイクしても、次の停車駅が花とは限らない。花蜜専門業者のハチドリだからこそ、ダニは常に目的地たる花にたどり着けるのだ。

世の中には、鳥の体をすみかとする生物もいる。このような生物は、鳥が島に移動するのにあわせて自らも島に移住することになる。鳥の羽毛には、羽毛自体を食べるハジラミや、皮膚の代謝物を食べるウモウダニなどが生息している。羽毛の下で過ごすためぺちゃんこな体をもつシラミバエなんかもいる。

**ハチドリ**
アマツバメ目ハチドリ科の鳥類の仲間。毎秒50〜80回ほどの高速の羽ばたきによりホバリングし、花の蜜を吸う。このグループの鳥は小型で、とくにマメハチドリは世界最小の鳥で、体重が2g。1円玉だと2枚分だ。

**メジロ**
スズメ目メジロ科の鳥類。目の周りのアイリングが白い。鶯色の小さな体の愛らしい鳥だが、よく見ると、くちばしは鋭く、目つきもかなりきつい。

彼らは、ホストである鳥とともに海を越えて島に到達する。そのときに乗って来た鳥が渡り鳥なら、また春になると島から飛び立ってしまうかもしれない。しかし、島で現地の鳥に移動できれば、島の住民となり得るのだ。

## 組み合わせは無限にある

鳥の捕獲調査をしていると、たまに寄生虫でもなんでもない昆虫が、羽毛の中から出てくることがある。私も、ウグイスの羽毛から出てきた体長1ミリ程度のキクイムシと目があった経験がある。キクイムシはしばしば大発生し樹木を食害する。そんなキクイムシを食べにいったときに、偶然羽毛の中に紛れ込んだのかもしれない。

空を飛ぶのは鳥だけではない。過去には、ハチの足にカタツムリがついていたという記録や、ゲンゴロウの足に水生の貝がついていたという記録もある。もちろんコウモリだって付着散布の媒体になっていることだろう。

２０１３年には、オーストラリアから飛び立った旅客機の翼に3メートルのニシキヘビが乗っているのが見つかった。結果的に、この個体は到着地のパプアニューギニアで死体となって発見されているが、このサイズで島への移動を試みた心意気を評価したい。この例を考えると、空を飛べるものならとくに共生や寄生の関係がなくとも、ついうっかりと乗ってしまうことがあるのだろう。空ではないが、クジラに乗り込んで移動したことで有名なゼペットじいさんは、その逸話が絵本になって多くの子供たちに愛されていることも、忘れてはならない。

偶然にしろ必然にしろ、鳥を中心とした飛行生物を移動手段として利用し、分布を拡大する生物が世の中にはたくさんいるのだ。多くの場合、ヒッチハイカーたちは鳥の体に対して十分に小さく、鳥の負担にはならない。その一方で、小さ

**ニシキヘビ**
有鱗目ニシキヘビ科の爬虫類。現在見られる爬虫類のなかでは最も体が長い。最大はアミメニシキヘビで9メートルを超える。

な密航者が島に定着すれば、ときには植物が鳥のすみかになり、ときには果実やカタツムリが鳥の食物となる。結果的に、鳥も単なるただ働きではなく、長期的には利益になる可能性があるのだ。情けは人の為ならず的な、ちょっといい話でここは締めくくろう。

# 4　コンチキ号症候群

## その余波は海を越えて

２０１１年3月11日に起きた東日本大震災。その津波の余波が島嶼生物学者に大きな衝撃を与えたことは、あまり知られていない。

２０１３年3月、津波で流された小型漁船がワシントン州ロングビーチに流れ着いた。津波漂流物がアメリカ西海岸に到達したのはこれが初めてではない。しかし、この漁船が話題になったのはその積載物ゆえだった。この船のタンク内からは、生きたイシダイが見つかったのである。2年間で約8千キロ、秒速なら約12センチ、熟睡時の私の寝返りと同じぐらいのスピードだ。

**イシダイ**
スズキ目イシダイ科の魚類。日本近海の岩礁にのみ生息。刺身にしておいしく、煮付けにすると皮がぷりぷりしてたまらない。

この漁船内には、ほかにも日本近海に生息するイソギンチャクや貝類が生息していたとのことである。

海の生物であれば、海を越えて移動するのは難しくないと思われるかもしれない。しかし、浅瀬の生物にとって深い海はやはり大きな障壁になるはずだ。実際に、メバルやシシャモなどのように日本近海にしか生息しない魚類は珍しくない。

イシダイの例は、少なくとも大きな津波があれば、生物を乗せた漂着物が太平洋すら越えるということを示したのだ。確かに今回海を越えたのは漁船である。しかし、大津波による衝撃は人工物だけでなく多くの自然物も流すことが可能なはずだ。

**シシャモ**
キュウリウオ目キュウリウオ科の魚類。北海道南部の太平洋沿岸の一部にのみ生息。店頭に並ぶ子持ちシシャモは、別属のキュウリウオやカラフトシシャモであることが多い。

## 僕らを乗せてどこへゆく

海辺という空間は、人間と自然との間で競争を繰り広げてきた資源である。いや、もともと自然が占めていた空間を人間が略奪してきたといってもよいだろう。とくに河口部は野が広がりやすく、上流との交易も可能だし、海産物も手に入る。古来、人間が好んで使用してきた場所だ。

人間が進出する前は海岸部にも多くの森林があったはずだ。そのような場所を大津波が襲えば、多数の巨大な流木が生まれることになる。場合によっては、根が絡んだ植物がまとまって大地ごと流されることもあるかもしれない。このような場合、その漂流物は陸の生態系の集合体そのものであり、ノアの方舟となり得るのだ。ひょっこりひょうたん島は荒唐無稽(こうとうむけい)な作り話ではなく、小さい規模では起こり得る事象なのである。

きっかけは大津波でなくてもよいだろう。川の上流部で地滑りや土石流が生じれば、やはりまとまった形で「大地」が流されることになる。川の途中に引っかかった流木が自然のダムとなり、これが決壊と同時に移動を開始することもある

**ノアの方舟**
旧約聖書の『創世記』に登場。世界をおおう洪水から生物を助けたと記されている。方舟とは四角い船のこと。現在でもノアの方舟探索が行われていて、古くはマルコ・ポーロが言及しており、近年でもアララト山近くでその残骸を発見したとの報もある。

だろう。

さすがに、そこにカバのような大きな動物が乗るのは若干無理があるかもしれない。せいぜい、少彦名神(すくなひこなのかみ)のサイズが関の山だ。また、トラのような大型捕食者も途中で船旅に飽きてしまうだろう。しかし、飢餓耐性が強いトカゲやヘビなどの小動物であれば、漂流物に乗って分布を広げることは不可能ではない。とくに爬虫類にはウロコがあるので、少しばかり海水がかかっても命に別状はない。

実際に、爬虫類は海洋島にも生息していることがよく知られている。ガラパゴス諸島では、有名なリクイグアナやウミイグアナだけでなくヨウガントカゲやガラパゴスヘビなどの多様な種が生息している。さらにここには、小型のネズミであるガラパゴスコメネズミもいる。小型で多少なりとも耐塩性があれば、海を越えて分布を広げることができるのだ。

このような流木に乗ることができれば、さまざまな生物の

**少彦名神**
大国主神とともに国造りを行った体の小さな神。医薬、酒造り、温泉の神とされる。一寸法師はスクナヒコナノカミにその源があるともされている。

**ヨウガントカゲ**
有鱗目イグアナ科の爬虫類。この仲間はガラパゴス諸島に広く分布する。

移動の可能性が考えられるだろう。樹木の中には材の中で生活するカミキリムシなどの昆虫もいるかもしれない。地上を徘徊するゴミムシも、枝葉で暮らすマイマイも、確率次第で漂流物に乗り、確率次第で島に到達し、確率次第で定着する。桃太郎だって途中でおばあさんに捕縛されなければ直接鬼ヶ島まで流れて、今頃はラムちゃんみたいな鬼娘と幸せになっていたかもしれないのだ。

ちなみに、マイマイはナメクジと同じ仲間なので、塩に弱いと思われるかもしれない。しかし、彼らにはナメクジと違いカラがある。殻にひきこもってしまえば、塩にも耐えることができるのだ。かのダーウィンは大著『種の起源』の中で、エスカルゴを塩水につけておいたところ20日経ってもまだ生きていたと記載している。実験後はきっとスタッフがおいしく召し上がったにちがいない。

**エスカルゴ**
フランス語でマイマイのこと。一般に食用にされるのはリンゴマイマイほか数種。昨今ではアフリカマイマイも食用にされている。リンゴマイマイの卵は「白いキャビア」とも呼ばれる。

## 水に浮かんでどこまでも

さて、最初に津波クラスの漂流を考えてしまうと、どんなものでも流すことができるような気がしてくる。しかし、さまざまな動物が乗船することができるような巨大な漂流物が生じるのはまれである。そう考えると、やはり自力で浮かぶことのできる生物は強みがある。

自力で浮かぶことができる生物といえば、もちろん植物の種子である。陳腐な例だから出したくなかったのだが、ヤシの実はやはりその代表格として出さざるを得ないだろう。

木材が水に浮かぶことは、多くの方に異論がないと思う。木材と同様に植物の組織は軽く、水に浮くことができて当然と思われるだろう。しかし、それはあくまでも乾燥している状態の話だ。

完全に乾いていれば水に浮かぶ種子もたくさんある。しかし、水につけておくと、遠からず浸水し浮力がなくなってくる。ためしにツバキの種子をとってきて、ペットボトルの中で水に浮かべてみた。すると、最初は浮かんでいても一日もせずにほとんどが沈んでしまった。

遠い島に到達するためには、海上に浮いている時間が長ければ長いほどよい。そのためには、組織の中に十分に空気を含むフロート部分が必要となる。このようなフロートをもつためには、その器官を作るためのエネルギーが必要となる。わざわざコストをかけてフロートを進化させた種のみが、波に乗って海を越えることができるのだ。

海岸に行くとさまざまな種子が打ち上げられている。ハマゴウ、モモタマナ、オオハマ

フロートの進化を目にする。

ボウ、どれも島嶼に広く分布する植物で、種子の周囲にコルク質などの軽い組織をもっている。もしビーチに行くことがあれば、一夏の恋の合間に彼らの姿に目をとめてもらいたい。ヤシだけでなく、フロートを進化させてきた特別な植物を多数目にすることができるだろう。

## クロコダイル・サーファー

先に陸上動物には泳ぐものもあると書いたが、どうやら波に流されるものもいるらしい。オーストラリアを中心に、太平洋南西部に広く分布するイリエワニは、その一味である。

**イリエワニ**
ワニ目クロコダイル科の爬虫類。世界最大の爬虫類で、主に河口などの汽水域から淡水域に暮らし、哺乳類から魚類、鳥類、甲殻類とさまざまなものを食べる。

**ワニなら泳いで当然。**

イリエワニは、主に淡水の川に住む世界最大の爬虫類で、全長5メートルにも達する。6・17メートル、1トンを超える個体もいるといわれている。ワニなら泳いで当然と思われるかもしれないが、彼らが自発的に泳ぐ距離はそれほど長距離ではない。このワニに、衛星で追跡できる発信器をつけた研究がある。海に出たワニは、海流の流れに乗って海岸沿いを移動していったのだ。その結果、3日で130キロ、8日で208キロ、19日で411キロ、25日で590キロなど、波に乗って長距離移動をしていることが明らかになった。

これは時速1~2キロほどのスピードで、私の寝返りの2~4倍のスピードだ。しかも、流れの方向が悪いと地上で休んで波を待つこともあるらしい。湘南辺りのサーファーも顔負けである。彼らが広域分布できたのは、波乗りができたためである。このような移動方法をとったのが、大型のワニだったということはとても興味深い。

## カナヅチ疑惑の真実を暴け

私が海辺で思索の時を過ごしていると、焼きに来たのとビーチで寝てるだけじゃダメだとユーミンに怒られた。海岸線の反対側では、陸上生活者であるはずの人類が楽しげに泳いでいる。そう、哺乳類は泳げるのだ。

シカやイノシシが泳ぐことについてはすでに紹介した。犬だって犬かきができる。おそらく多くの哺乳類はある程度泳げるだろう。自力で泳ぐのが難しくとも、浮いていられさえすれば波がどこかに運んでくれるはずだ。しかし、陸生哺乳類は泳げないから島に分布を広げられないと、まことしやかにいわれているし、現実的に哺乳類の島への分布の広がりはじつに限定的だ。イリエワニのような移動方法を採用している陸上動物も知られてはいない。

泳げるが島に分布していないというのは、いかにも矛盾しているように見える。陸を得意とする山幸彦（やまさちひこ）だって海を越えて大綿津見神（おおわたつみのかみ）の娘と結婚したのだから、努力と根性で頑張ればなんとかなるはずだ。にもかかわらずこの陸生哺乳類たちの慎ましさは何故なのだろう。

　これには、海という世界の裏の顔が関わっているはずだ。表面的には平和な海も、水面下には多くのサメがいるのだ。地域によっては、シャチもシーサーペントも強敵である。おいしそうな白ウサギが無防備に海を越えようものなら、すぐに皮を剝がれてディナー食材の仲間入りだ。信じられない人は、『殺人魚フライングキラー』をご覧いただきたい。かのジェームズ・キャメロンの初監督作品である。豊玉姫の正体も和邇（わに）だったことからもわかるように、海は脅威に満ちているのである。

　波間に浮かぶ海鳥たちも、ときにはサメに襲われることがある。しかし、海鳥たちは危険があれば空に逃げることができる。一方で、哺乳類が海の捕食者に襲われたらもう逃げ場

**シーサーペント**
巨大でヘビのような体をもつ海の未確認生物（ＵＭＡ）の総称。船乗りたちにより目撃されているが、その姿はまちまち。紀元前4世紀には、アリストテレスも船を襲う大ウミヘビについて記述している。

はない。モビィ・ディックに相対すればエイハブ船長ですら帰ってくることはなかったのだから、陸生哺乳類が泳いで海を渡るのはお勧めできない。

つまり、陸生哺乳類が海を渡らないのは泳げないからではない。泳いだら食べられちゃうからだと考えられる。イリエワニのように、自らが水中戦を得意とする大型捕食者でもなければ、悠々と波に身を任せることは難しいのだろう。

多くの書籍ではカナヅチこそが陸生哺乳類の制約であるかのように書かれているし、私も島の生物相の特徴を説明するときにそのように解説し、彼らを貶（おとし）めてきた。このことをここに深くおわびし、彼らの名誉のためにカナヅチ疑惑を否定しておきたい。彼らはカナヅチなのではない。海の捕食者に怯えるチキンなのだと訂正しておこう。

**豊玉姫**
海の神、大綿津見神の娘。山幸彦を夫とする。神武天皇のおばあちゃんにあたる。

**モビィ・ディック**
アメリカのハーマン・メルヴィルによる小説『白鯨』に登場する白いマッコウクジラ。捕鯨船の船長エイハブは、モビィ・ディックに片足を食いちぎられ、復讐の念に燃えていた。

MOBY-DICK;
OR,
THE WHALE.
BY
HERMAN MELVILLE.
NEW YORK

# 5 風が吹けば、誰かが儲かる

スーパーカリフラジリスティックエクスピアリドーシャス

ジュリー・アンドリュースとジュディ・ガーランドの共通点は、銀幕を代表する美人女優だったことだ。彼女らはメリー・ポピンズとドロシーとして、風に乗って映画の舞台へとやってきた。美女はなにかと風に飛ばされやすいのだ。

ここで注目したいのは彼女らではなく風だ。風が生物の移動を媒介する重要な機能をもっていることは、先の映画を見ればご理解いただけるだろう。

風が運ぶのは女優さんだけではない。まず頭に浮かぶのはタンポポの綿毛だろう。タンポポを始めとしてキク科の植物では、冠毛をもち風散布される種類が非常に多い。キク科だ

**スーパーカリフラジリスティックエクスピアリドーシャス**　1964年の映画『メリー・ポピンズ』の劇中で歌われる楽曲。super（超越した）cali（美しい）fragilistic（繊細な）expiali（償う）docious（洗練された）という5つの言葉から作られた造語。とにかくなんだかとっても素晴らしいことになるおまじないの言葉。一単語で34文字は、英単語のうちでいちばん長い言葉とされる。一度唱えればスーパーカリフラジリスティックエクスピアリドーシャスな状況になること請け合いである。

けでなく、ススキなどのイネ科植物、ガガイモやケサランパサランなど、冠毛により空を飛ぶ生物はさまざまなグループで見られる。

空を飛ぶ道具といえば、冠毛だけでなく翼やタケコプターもある。カエデやマツ、フタバガキなどは、翼状の器官を種子に備え、種子を風に乗せて飛ばす代表種といえよう。

## そこは風の通り道

小笠原諸島の植物の約15%は、風散布を主な移動手段とする植物と考えられている。ただし、翼を備えた種子はほとんど見られない。

冠毛をもつ種子はひたすら自重を軽くし、相対的に表面積の大きな冠毛で空気抵抗を作るため、ひとたび舞い上がれば長距離を移動することができる。

しかし、翼をもつ種子は、冠毛に比べ丈夫で重い飛翔器官

**ケサランパサラン**
白くてふわふわしていて空を飛んでいると伝えられる謎の未確認生物（UMA）。または妖怪の一つとも。その正体は、アザミの種子の綿毛であるとか、ウサギのしっぽの毛であるなど、さまざまな説があるがいまだに謎のままである。

をもつことになる。同じ風散布とはいえ、舞い上がるというよりは落下するまでの距離が長くなる、というイメージの方が妥当だろう。このため、翼をもつタイプの植物はメインランドから離れた島にはそれほど進出していないのだ。

一方で、サイズが小さければそれだけで種子は空を飛びやすくなる。黄砂が中国から日本まで飛んでくることを考えると、小型の種子が空を飛ばされることは想像に難くない。同じ植物でも、ランの種子は非常に小さく埃のように風に飛ばされる。シダの場合は胞子で殖える。植物ではないが、キノコも胞子だ。胞子なんて埃も同然なので、空気に混じって自由自在に大気圏内を移動する。このような植物や菌類にとっては、風に乗りさえすれば海の存在は越えられる壁となっているのである。

ただし、風による移動のためには、メインランドからの距離や風向きがとても重要な役割を果たすことになる。ハワイでは風散布植物の占める割合はわずか2％しかなく、小笠原諸島の15%に比べて非常に低いことがわかる。

日本周辺には偏西風が吹いているため、西にメインランドを擁する小笠原では、風散布がされやすいのだろう。しかし、メインランドから4千キロ弱離れたハワイでは、風散布は威力を発揮しづらいものと考えられる。

なお、ガラパゴスでは風散布植物の割合は約5%とされている。赤道付近では東から西に向かう貿易風が吹いており、ハワイよりは種子が運ばれやすいのだろう。しかし、決して多いとはいえない割合である。風散布の影響力は島の立地や風向きなどに大きく左右され、桶屋が儲かるかどうかは定かではないのだ。

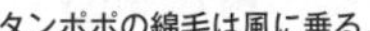

タンポポの綿毛は風に乗る。

## 空も飛べるはず

風に乗って空を飛ぶためには体が軽いことが重要である。そして、ある程度空気抵抗があればそれにこしたことはない。この条件があれば、メリー・ポピンズでなくとも風に乗ることができる。しかし、その一方で、しょっちゅう飛ばされていると、地に足がついた生活ができずに困ってしまうことになる。陸上生物である以上、普段の生活では飛ばされず、飛ばされたいときだけ飛ばされるシステムが必要になる。

植物は熟した種子にのみ飛行器官を装備することで、これを実現している。そして、動物にもこの様式を取り入れているものがいる。それはクモである。

クモは、小さい幼体の時期に空を飛んで移動することが知られている。幼体が空を飛ぶのに使っている器官は、クモの糸である。クモの糸が軽くて丈夫であることは、芥川龍之介

**バルーニング**
クモのなかまの幼体がバルーニングを行う方法は二つある。どちらも糸を出すものの、一つは、風である程度飛んだら糸を離して体だけが風に乗っていくパターン。もう一つは、糸を風に乗せ、タンポポの綿毛のようにそのまま飛んでいくパターンである。

が切々と語っている通りだ。そして、長く伸ばせば十分な空気抵抗が生じる。糸で風を受けることによって空を飛び、分布を拡大しているのだ。

クモだけではない。ダニやガでも、幼虫が糸を出して空を飛ぶことが知られている。糸は自分が必要なときに体の外に出すことができるので、必要なタイミングで自在に空気抵抗を増やすことができるのだ。13歳になったキキと同じように、期待と不安を胸に秘めて若者たちは旅立っていく。

このような移動方法をバルーニングと呼ぶ。とくにクモの幼体は非常に体が軽いため、海洋島にも比較的容易に到達することができる。実際、孤立した海洋島であっても、クモはたいがいの島に生息しているのだ。

1883年、インドネシアのクラカタウ島が噴火した。島の3分の2は海に没し、残りの陸地は30メートルの厚さの溶岩と火山灰に埋もれ生物は死滅した。しかし、わずか6年後には、この島でクモの生息が確認されている。昆虫や鳥のよ

クモのバルーニング２態

のばした糸に風を受け飛ぶ方式。

本人だけ飛んでいく方式。

うに翼をもたない彼らだが、常に子グモが放出され分布拡大の機会をうかがっているものと考えられる。桶屋が儲からずともクモは分布を広げるのである。

## どちらも巻いています

空を飛んで移動すると考えられている生物の一つが、小型カタツムリである。太平洋や大西洋に点在する島々には多くのカタツムリが生息しているが、その平均サイズはメインランドの種に比べて小さいことがわかっている。これは、小型で軽い個体の方が空を移動しやすいことが、一因と考えられている。

カタツムリには小型という呼び方では生温く、よりミクロに微小貝と呼ばれるシリーズがある。なかにはみっちり成長しても1ミリ程度にしかならず、ご丁寧にもノミガイ、スナガイ、キビガイのように、小ささを強調する名前がつけられ

**クラカタウ島の噴火**
その衝撃波は地球を7周したほどの史上最大規模の大噴火。火山灰は地球を覆い、数年間気温が下がった。ムンクの『叫び』は、この噴火のチリによる夕焼けを背景に描いたのではないかという説もある。64ページに登場するアナク・クラカタウ島は、海に没した火山跡にでき、クラカタウの子供という意味をもつ。

ており、一寸法師も羨む小型っぷりの種類もある。このような微小貝も海洋島に多く産している。

空中移動の方法の一つは、先に述べた鳥の羽毛へのヒッチハイクである。もう一つが直接風に乗る方法だ。微小貝では成貝ですら小さいので、幼貝なぞ砂粒ほどである。べつにかわいがった覚えもないのに、目に入れても痛くないサイズだ。このサイズなら、埃と誇りを携えて空に旅立つこともできよう。少しばかり大きくとも、木の葉などに付着していれば容易に吹き飛ぶことができる。

アメリカのフロリダには、その起源にハリケーンが影響していると考えられているカタツムリがいる。この地では、毎年のように大型ハリケーンが東から襲来する。フロリダの南東にはキューバの島々があるため、キューバに生息する小型のカタツムリが風に乗り、フロリダに定着した可能性が指摘されている。この場合は大陸からではなく、島から大陸へという逆輸入ルートだが、海を越えて生息域を拡大しているという意味では、同じ意味合いをもつ。

竜巻や台風などの強風は、多少の重量物でも宙に舞い上げることができる。過去には、小魚やカエルなどさまざまな生物が空から降ってくるという事象が新聞をにぎわしたこともあったが、これも竜巻などが原因とされている。

上空にもち上げられた小動物が高空を吹く偏西風などに乗れば、長距離の移動も可能となる。そんな偶然もこれまた非常にまれかもしれないが、偶然が島の必然であることはこれまでにも述べてきた通りだ。

さまざまな生物が降ってくる。

## 選択の自由

鳥に乗る移動、波に乗る移動、風に乗る移動、それぞれを概観してきたがいずれの方法がお好みだろうか。もしあなたがいずれかの方法で島に渡ろうと考えているのであれば、迷わず鳥に乗ることをお薦めしたい。

波に乗ると体がふやける。それよりもなによりも、本当に島に到達できるかどうかがあやふやである。海流は必ずしも島を目指しているわけではないため、一歩まちがうと永遠に海の上を漂う危険性もあるのだ。十五少年もロビンソン・クルーソーも、底抜けに強運の持ち主なのである。

同様に風もギャンブル性が高い。ふんわりふわふわ飛び立つのはよいが、島は洋上の面積の約２％を占めるにすぎない。旅立ったが最後、陸地に降り立つ確率は猫の額程度しか

**実質的に裸出部のないネコの額はゼロ。**

**ロビンソン・クルーソー**
イギリスの小説家ダニエル・デフォーの小説『ロビンソン・クルーソー』の主人公。28年間、無人島で暮らし、ぶじに故郷にたどり着いたにもかかわらず、その後も航海に出た懲りない人。スコットランドのアレキサンダー・セルカーク航海長がモデルであるといわれ、彼が１７０４年から4年4か月暮らしていたチリ沖の島は、現在ロビンソン・クルーソー島という名前になっている。

ない。額を眼の上から生え際までの裸出部と定義するなら、実質的にネコの額はゼロである。メリー・ポピンズも海に出たが最後、よほどの強運をもちあわせない限りサメの餌食が関の山だ。

しかし鳥は違う。彼らはまず確実に陸地に向かって移動してくれる。場合によっては、途中の海上で休息をとることがあるかもしれないが、それでもいずれは陸に達する。

それだけではない。彼らはあなたにとって好適な場所に目的地を設定してくれることになろう。草原が好きな鳥は、草原から草原に向かう。森林が好きな鳥は、森から森へ向かう。ならば、草原で付着した種子は草原に、森林で食べた果実は森林に散布されることになる。出身地と似た環境に散布されることは、その後の生存率に大きく貢献することになる。

鳥による散布は、ほかの散布媒体に比べて方向性をもつという点で優秀なのだ。一見ダメ人間っぽいニルスでも、鳥に乗って旅を始めたのは確実なゴールへの伏線であり、誰より

初版のタイトルは『The Life and Strange Surprizing Adventures of Robinson Crusoe, of York, Mariner: Who lived Eight and Twenty Years, all alone in an un-inhabited Island on the Coast of America, near the Mouth of the Great River of Oroonoque; Having been cast on Shore by Shipwreck, wherein all the Men perished but himself. With An Account how he was at last as strangely deliver'd by Pyrates.』とめちゃめちゃ長い。

THE
LIFE
AND
STRANGE SURPRIZING
ADVENTURES
OF
ROBINSON CRUSOE,
Of YORK, MARINER:
LONDON:

も先見の明に優れていたといわざるを得ない。そのことは、この物語のラストで実証されている。彼が最終的にどのようになったか、『ニルスのふしぎな旅』を一読いただき、ことの顚末(てんまつ)を確かめていただきたい。

メリー・ポピンズ効果。

# 6 早い者勝ちの島

## キャスト・アウェイ

トム・ハンクスは、無人島で一人っきりになったとき、バレーボールをウィルソンと名づけて話し相手にした。そう、人は一人では生きられないのだ。

話し相手だけの問題ではない。なんにもない暗い海に島が一つ生まれ、ただ風が吹き、やがてさまざまな方法で生物は移動してくる。そこまでは異論はない。しかし、水も食料もない岩しかない世界で、あなたになにができるだろうか。空を仰ぎ、絶望し、ホームシックになるくらいしかやることはない。

野生生物だってそうだ。チスイコウモリが島に到達し、岩

**なんにもない**
園山俊二原作のアニメ『はじめ人間ギャートルズ』。そのエンディングである園山氏作詞、ムッシュかまやつ作曲の『やつらの足音のバラード』は、切ない調べにのせて地球という惑星の歴史を簡潔に物語った名曲である。

石しかないからといって突如イワクイコウモリになるのは容易ではない。すぐにお腹を壊してしまうだろう。

地面に落ちる雪は、地上到達と共にほとんどのものが解けてしまう。しかし、すべてが解けてしまうと雪が積もることはない。その中に、解けずに残る最初の雪の結晶があるからこそ、雪は積もり始めることができるのだ。陸上生物の中には、ボッチでも生きていけるものがいるのである。

## できたてをそのままどうぞ

動物にしろ植物にしろ、生きて行くには条件がある。水分やエネルギーがあり、適した生息地があること、強烈な死亡要因がないこと、といったところだろう。逆にいえば、陸上で食物を得ようとするものは不毛の新島に太刀打ちできない。

島に最初に現れる生命は、動物でも植物でもなく地衣類かもしれない。読者諸氏も、ベランダのコンクリートで赤色や

**チスイコウモリ**
コウモリ目チスイコウモリ科の哺乳類。中南米に生息。社会性がある大きな群れを作る。哺乳類の血液を食物とし、眠っているえものの近くに降り立ち、歩いて近づいていって嚙みつき、舌で血液を舐めとる。吸血といっても少量なので、えものがからっからになって死ぬなどということはない。

緑色を呈したシミのような模様を見たことがあるだろう。あれが地衣類である。

地衣類は軽い胞子や栄養生殖する散布体として風に乗って各地に降り注ぎ、海の隔離もものともしない。カラカラの岩の上にも平気で定着し、じわじわと増え、空気中から窒素を固定して地上に養分をもたらす。彼らは荒野のパイオニアなのだ。

一方で植物も負けてはいない。火山の噴火により溶岩に覆われ、生物相がリセットされたクラカタウ島、海底火山により生じたスルツェイ島では、初期の段階で海流散布や風散布の植物が進出した。

植物には水分が必要である。多くの植物には淡水が好ましい。しかし、海水でもがんばれる耐塩性の強い植物がある。マングローブの仲間はその代表的なものだろう。マングローブでなくとも、海流散布型の植物は比較的耐塩性が強い。そもそも彼らの目的地は海岸なのだから、ある程度の耐塩性がなくてはやっていられない。こうして、海辺ではハマゴウやグンバイヒルガオなどの海流散布植物がまずはパイオニアとなっていく。

もちろん、島の上にも雨が降る。標高が高ければ雲がつき、真水も供給されることになるだろう。しかし、溶岩に覆われたままで土壌が発達していなければ、保水力が足りず降水は速やかに海へと流れてしまう。このため、淡水に対して謙虚な種が有利となる。

養分についても謙虚さが求められる。肥沃（ひよく）な土壌を所望する温室育ち的わがまま植物は、できたてホヤホヤの島では餓死するだけだ。地上の養分は最小限で大丈夫、光合成でなんとかします、という遠慮深い種こそ新島の開拓にふさわしい。

風散布の植物がうまく島に着陸したら、風に掃き寄せられ、岩の割れ目や窪地にたまりはじめる。そこには、同じように掃き寄せられた火山灰や、風化した岩の欠片（かけら）が集まっている。わずかにたまった朝露（あさつゆ）を頼りに種子は芽を出し、小さな草地を作り始めるのだ。

## 島外からの物体X

では、動物はどうだろう。バルーニングにより空を飛んでやってきた子グモちゃん。あらあら、岩石しかない。死亡。群れから離れて飛んできたツグミちゃん。食物ない。死亡。流木に乗って上陸したトカゲちゃん。食物ない。死亡。

全敗だ。所詮（しょせん）、光合成ができない動物は植物に勝てない。石で腹が膨れるのは、大きな口のオオカミさんだけだ。そのオオカミさんですら最終的には非業（ひごう）の死を遂げる。精神論では腹は膨れず、陸上で有機物が手に入らない新島では、なまじっかな動物が定着できる余地はない。

だからといって、おめおめと植物に白旗を掲げては鳥類学者の名が廃（すた）る。やはりここは鳥に頼るしかない。

先述のとおり、ある種の海鳥は陸上生態系に依存せずに陸

**石で腹が膨れる**
グリム童話『オオカミと7ひきの子ヤギ』より。

上で繁殖が可能である。たとえば、オナガミズナギドリなどは、石の陰や岩の窪みなどで巣材も使わずに営巣し、クロアジサシなどは、ゴツゴツした岩壁の窪みでコロンと卵を産む。彼らの飲み物と食べ物は海にある。陸上では水も食物も、土も植物もなにもなくても生活できるのだ。

ただし、海鳥の中には樹の枝の上や草原の上に営巣する種類もある。このような種はなにもない岩だけの新島に定着するのは難しい。植物の場合と同様に、他者に頼らぬ一匹狼どものみが、島に定着できるのだ。

海獣類も陸上生態系に依存せず、新島に生活できる動物といえるだろう。アシカやアザラシなどは、陸上においてひなたぼっこや繁殖を行う。一方で、食物は海に依存しており、陸の生態系に頼らずに陸上を利用する。繁殖に草むらなどを利用する種もあるが、海獣類にも同様に敬意を払わねばなるまい。

敬意を払うといいながら、海獣類に割くスペースが差別的

オナガミズナギドリの巣。

**海獣類**
アザラシ、アシカ、オットセイ、クジラ、ジュゴン、ラッコなど海に住む哺乳類の総称。かわいいものが多数。

に少ないことにお気づきだろう。断っておくが、私はナメクジだけでなく哺乳類も若干苦手だ。好き嫌いはどうしようもないので、哺乳類ファンの方々にはご容赦いただきたい。動物学者だからって、すべての動物をリスペクトしていると思ったら大きなまちがいなのである。

## 土が生まれる

生物の潤沢さには環境によって違いがある。砂漠や海岸などの砂地、岩場などになると、極端に生物相が貧弱になる。これに対して、発達した土壌が維持された場所は一般的に多様性が高い。

土壌が発達していれば多くの植物が生育でき、土壌動物も豊かになる。植物が育てば、植物に依存したさまざまな動物も生息できる。

溶岩でできた島にもサンゴ礁でできた島にも、最初は土壌と呼べるほどのものはない。ただし、噴火でもたらされた火山灰や、衝撃で砕けた噴石などが砂になり、幾分かの堆積はあるだろう。岩石はやがて日射しや雨風にさらされ風化し、崩壊し、有機物が混じって土ができていく。岩石の中にはさまざまな元素が含まれている。その中には、植物の生育に欠かせないカリウムもある。

土は、ときには海や空からもたらされる。メインランドでは、降水が河川を経由し、さまざまな陸上の構成物を輸送している。土も海に流れて海底に積もる。海流に運ばれる土の一部は海岸に打ち寄せられよう。一方、風で吹き上げられた砂は気流に乗り、島に降り積もる。これらは、人間の生きるスケールから考えると遅々たる変化かもしれない。数千年、数万年をかけて土壌は発達し、生命のゆりかごになるのだ。

## 命短し、積もれよ土壌

ただし、そんな悠長に待っていられないというあなたのため、土壌の生成は随時促進されている。岩が砕け、空から積もり、波に打ち寄せられるのをみんながみんなおとなしく待ってばかりはいられない。仇討ちを誓いカキを育てるカニのごとく、次の展開を加速する輩(やから)がいるのだ。

ここで暗躍するのは相変わらず鳥類である。陸上になにもなくとも、海鳥たちは流木を集めて巣を作る。巣材なしで産卵することもできるが、巣材はあるに越したことはない。巣材という断熱材があれば、岩が冷えても卵は冷えない。日射しで岩が焼けても、オムレツにならずにすむ。卵が不用意に転がって岩にぶつかり傷つくことも、巣材が防いでくれる。

海岸に打ち上げられた小枝や海藻などの有機物は、そのま

**巣**
鳥の巣といっても、しっかりとした巣をちゃんと作るものから、数本の枝をばらっとまいたようなやけくそとしか思えない巣を作るハトのようなものまでさまざま。

カツオドリ、巣材を運ぶ。

までは波打ち際に集まるだけだ。波打ち際は常に波にさらされ、次の大きな波と共にまた海へ旅立つことになる。しかし、鳥が巣材として内陸に運べば、漂流物は陸上生態系の一部として取り込まれる。

鳥が巣材として利用するのは植物だけではない。ときには動物質の素材も利用する。それは羽毛であり、骨である。海鳥の繁殖地ではすべてのヒナが巣立つわけではなく、すべての親が生き残れるわけではない。新たな生命と共に新たな死体も生産される。朽ちた死体から羽毛や骨が供給され、巣材となるのだ。同胞の死が次の世代を育む基盤となる。

そして、巣材はいずれ分解され土の一部を形成する。新たな巣材がさらに積み重ねられていく。こうして、海鳥の繁殖地では土壌の形成が促進されるのだ。

## 走り始めたら止まらない

ときには、種子をつけたまま流された枝も漂着するだろう。海岸に打ち上げられただけでは発芽できなかった彼らも、海鳥に内陸に運ばれれば生育可能になる場合もあるに違いない。海鳥は、運搬型の種子散布者としての役割をもつはずだ。

もちろん、海岸では海浜植物が独立したパイオニアとして定着している。彼らも、内陸に向けて分布を広げていくことだろう。枯れた植物の組織は、やはり土壌の形成に一役買う。その植物の枯れ枝は、これもまた海鳥の巣材として内陸に運ばれていく。海浜に多いツル性の植物の合間で、枝葉を日よけとして繁殖する海鳥たちも出現する。

海鳥は海で魚を食べて、陸上で糞や尿をする。とくに、巣の回りには多くの排泄物が落ちる。海鳥の排泄物にはリン酸と窒素がたくさん含まれている。これらは、カリウムに並び

**パイオニア**
植物遷移の初期段階に侵入する植物をパイオニア植物（先駆植物）という。

**グアノ**
海鳥の糞や死骸などが堆積して化石化したもの。グアノは農業用肥料だけでなく火薬の原料となる硝石（硝酸カリウム）の原材料としても使われた。洞窟にコウモリの糞が堆積したものもグアノと呼ばれる。産地としてはナウル共和国が超有名。

植物の生長に必要な重要な栄養素である。実際のところ、堆積した海鳥の糞はグアノと呼ばれ、肥料として世界中で利用されてきた。

巣材が土の一部となるのと並行して、糞は土に混ざり巣の周囲には植物の生育に好適な環境が成立していく。一方で、海鳥はいずこからか羽毛に種子を付着させて運んでくる。巣の周辺は海鳥を中心としたフィードバックに満ち溢れ、新たな植物の定着が促される。

一方、岩の割れ目に定着した植物はわずかな隙間に根を伸ばしていく。その力を過小評価してはいけない。岡本真夜もアスファルトに咲く花を褒めていたが、彼らの力は徐々にだが岩をも砕くのだ。植物の定着はさらに岩石の破砕を進めていく。

海鳥と植物のコラボレーションは半永久的に続く。こうして、新たな陸地に生命の基盤としての土壌が形成されていく

島には海鳥たちの糞が積もる。

のだ。

海鳥がいて、植物が生え、土壌が発達し始めれば、もう恐いものはない。後は、虫でもトカゲでもやってくるがよい。受け皿さえできてしまえば、もうこっちのものである。オープン前の特別興行が終わり、島の門戸がついに一般に開放されるのである。

# 7 翼よ、あれが島の灯だ

## 始まりの終わりは続きの始まり

島に定着した生物にとって、長旅はもう終わりである。だからといって、後は座禅を組んで悟りを開いていればよいというわけではない。人間だって、引っ越しは始まりにすぎない。新天地での生活をエンジョイするには、偶然の出会いを期待してこれ見よがしにハンカチを落とし続けなくてはならない。もちろん、定着先にインターネットが完備されていれば、恋愛も買い物もバーチャル世界ですませ、おひとり様生活を満喫するもよかろう。しかし、多くの無人島はネット環境が充実していないのが現実である。

島に到達した生物たちは、島での生活を始める。そして必要に応じて島の内部を、ときには島と島の間を移動していく。小さな世界には小さいなりのコミュニティがある。大移動で疲れた体をビーチで癒した後には、諸島内での陣取りゲームの始まりだ。

海を越えて、島まで到達できた生物たちである。島内や島間の移動など、たいしたことはないと思われるだろう。確かに、移動をものともしない種もある。風散布されるキク科の植物や、移動力の強い鳥、飛翔力のあるトンボなどには、多少の距離は障壁にならない。しかし、必ずしもたやすく移動できる生物ばかりではない。ここから、第二ラウンドが始まるのだ。

**風散布されるキク科の植物**
タンポポを筆頭に、キク科には綿毛で種子を風散布するものも多い。

## 裏切りは種子散布の代名詞

海流散布された植物は、海岸に到達する。これは同時に、海岸にしか到達できないことを意味する。それでよしとする小市民的植物たちは、与えられた場所に満足し潮にまみれて一生を過ごす。

しかし、海岸は極めて不安定な環境である。波が高くなれば、すぐに潮をかぶり、漂流物に打ちのめされ、半魚人に踏み荒らされる。大雨が降れば、内陸から流出した土砂に埋め尽くされる。踏んだり蹴ったりである。いや、踏まれたり蹴られたりである。だからといって、波の力では内陸への進出に限度がある。船頭多くしても種子は山に登らないのだ。

このため、海流散布の植物には、二股がけの戦略を駆使する羨ましい輩が潜んでいる。乙姫様を手玉にとって、悠々と波に乗り島まで到達したかと思いきや、恩を忘れて手の平を裏返し、羽衣天女を誘惑にかかるのである。

学校では、植物には散布様式があることを習う。タンポポは風散布、ココヤシは海流散布、トウガラシは鳥散布というわけだ。教科書的には、まるで自然界は秩序に満ち、植物と散布様式が一対一に対応し、二人は末永く幸せに暮らしてい

**半魚人**
直立二足歩行の人型で、鱗や鰓などをもち、手足には水かきがある、主に水中生活をする伝説の生物。イメージとしては１９５４年のアメリカ映画『大アマゾンの半魚人』の印象が強い。上半身が人間、下半身が魚の場合は人魚とすることが多い。反対に上半身が魚、下半身が人間というのはあまり見たことがない。

**トウガラシ**
哺乳類には辛かったり、お腹を壊したりするカプサイシンも、鳥にとっては辛くはないらしい。

くかのように語られる。しかし現実は違う。海流散布で島に到達した植物の一部は、じつは動物散布でしたと無情に海と袂を分かつのだ。

## 不道徳のススメ

さて、ここで鳥やコウモリの出番だ。

沖縄にはアダンという植物がある。パンダナスという、なんとなく愉快な名前のグループに属する植物だ。パンダナスは、メラネシア、ミクロネシア、ポリネシアを含む広い範囲に分布している。

パンダナスの仲間の多くは、パイナップルのように見えるオレンジ色の果実をつけ、甘い香りをさせて観光客を喜ばせる。ただし、果実の中身は甘い果肉ではない。堅い繊維質が詰まっており、かじりついた観光客は結局がっかりさせられる。この繊維部分はフロートとなり、海に浮かぶための器官

**パンダナス**
タコノキ科の植物。小笠原に自生するタコノキや、沖縄のアダンもパンダナス。白黒のナス型の植物かと思いきやそんなことはない。観葉植物として栽培されている。

となる。ともあれ、最初から喜ばせなければよいのに、わざわざもち上げて落とすという巧みな戦略で、観光客を全力で騙してくるのだ。

しかし、彼らは観光客を嘲笑するために、疑似パイナップルを進化させたわけではない。色をつけるにも香りを発するにも、もちろんエネルギーが必要なので、そのコストに足る原動力があるはずである。これは、観光客ではなくオオコウモリを誘引するためのものだ。

オオコウモリは、熱帯から亜熱帯にかけて分布する大型のコウモリである。小型コウモリが主に動物食であるのに対し、オオコウモリは果実を中心とした植物食である。小型コウモリの顔は禍々(まがまが)しいが、オオコウモリの顔は愛らしく、フルーツバットやフライングフォックスの名で親しまれている。

鳥類も確かに種子散布者だが、運べるサイズには限度がある。大型の鳥でも、丸のみできる果実のサイズは主に2センチ以下、かなり頑張ってもせいぜい3センチと考えられてい

小型コウモリの顔は禍々しいが……

る。

パンダナスの果実は3センチ以上あるものが多い。長距離散布を狙った海流散布型植物では、水に浮くためのフロートをもつ大きな果実の植物が珍しくなく、彼らもその一つだろう。このサイズで鳥散布は難しい。しかも、堅い繊維の塊なので、歯のない鳥類では食べあぐねてしまう。

そこでオオコウモリの存在感が俄かにいや増す。彼らは、島では唯一の大型果実の散布者となる。メインランドであれば、サルやリス、ネズミなど、同様の役割を担う哺乳類が多種多様に生息している。しかし、陸生哺乳類相が貧弱であることをもち味とする環境では、オオコウモリが頼みの綱なのだ。

オオコウモリは、最大8センチの果実まで運搬が可能だと考えられている。大型の果実はのみ込まずに、口にくわえたまま飛ぶことで散布する。鳥にはない歯があるおかげで、繊維質のパンダナスもガリガリとかじり、食物とすることができる。周囲の可食部をかじって種子の入った中心部を捨てることで、散布が完結する。

夜行性のオオコウモリに散布を託す植物は、暗くても目立つ黄色い果実をつけることが多い。オオコウモリのいる島では、ほかにもモモタマナやテリハボクなど、海流散布とオオコウモリ散布の二股戦略をとる植物が少なくない。もちろん、オオコウモリではなく鳥に依存するような小型果実をつける植物もある。小型の果実をつける海岸植物のクサトベラは、海流散布と鳥散布を併用する代表例だ。

ただし、オオコウモリ散布には、重要な条件があると考えられている。それは、オオコウモリが高密度で生息することだ。密度が低いと、彼らは安心して母樹の近くで果実を食べ、その場で種子を捨てるため、重力で落ちるのと変わらない。私も、オオコウモリが樹下で寝そべりながら果実を貪っているのを見て、そのだらしなさにガッカリしたことがある。密度が高く、他個体に横取りされる危険があればこそ、果実を独り占めするため、果実をくわえてわざわざ移動するのだ。

二股や横取りは、自然界のシステムの一部なのだ。野生生物の世界は思いのほか不道徳なのである。

## 海を越え、波を越え

翼の役割は、海岸から内陸に種子を運ぶだけではない。島と島の間での運搬も重要な役割だ。島間を運搬する者として、まず渡り鳥は欠かせない。彼らは長距離の海を越え、島の間を渡り歩く。

地域全域が島で構成されている沖縄県では、これまでに約500種の鳥類が確認されている。そのうち、沖縄で一年を過ごす鳥は約40種しかいない。なかには過去に一度しか記録のない鳥もいるが、それを抜きにしても多くの渡り鳥が飛来していることが窺われる。

九州の南には屋久島、種子島から、吐噶喇（とから）列島、奄美諸島、琉球諸島が連なる。渡り鳥がすべての島に降り立つわけではないが、一気にゴールに到達するわけでもない。ルート上の島を中継地として食物を補給し、さらなる移動への英気を養う。出発の直前に種子がたくさん含まれた果実を食べることもあるだろう。諸島内であれば島の間の距離も短く、島間散布はそれなりの頻度で生じているはずだ。

渡り鳥だけではなく島に住む鳥たちの中にも、日常的、季節的に島間移動をする種は珍しくない。ヒヨドリやメジロは島嶼も含めて全国に広く分布し、海上移動も厭わない。鳥だけでなく昆虫も、短距離であれば海の上を越えて移動する。私も、海原走る漁船の上で海上を飛ぶクマバチに出会ったことがある。彼らは脚に花粉をつけて隣の島まで運び、島間受粉を手伝っていたかもしれない。

前述のオオコウモリも島間移動者の一員だ。数十キロ程度の海であれば悠々と越えられる。はたして海上をわざわざ果実をくわえて移動するかどうかはわからないが、そのポテン

**クマバチ**
黒い大きな体で、ブーンという大きな羽音に恐怖感をおぼえる方も多いだろう。花の花粉を集めるおとなしいハチである。オスは縄張りをもち巡回飛行をして、動く飛行物に対しては、ほかの昆虫や鳥であろうと「メスかも！」と近づいていく。地域によってはスズメバチの仲間をクマバチ、クマンバチと呼ぶこともあり、こちらは注意が必要。

シャルは十分だ。

### サーフ＆ステイ

島間の移動は海流によっても生じる。海流散布型の植物は、オオコウモリより海流に運ばれる頻度の方が高いだろう。

海岸の漂着ゴミの入れ替わりについての研究によると、漂着物は数週間から数か月で大規模に再漂流することが多いようだ。これは、台風や低気圧に伴う高潮などで、海岸の漂着物がさらわれているものと考えられる。海岸には植物の種子が多数漂着している。彼らは、波に打ち寄せられながら島間を旅している。陸地で結実した種子が重力や川の流れにより海岸に到達し、大きな波でさらわれ、別の海岸に打ち上げられるのである。島の生物相の成立に要する時間を考えると、高頻度な移動をしているはずだ。

植物だけでなく、動物も海流による移動で島間を行ったり来たりしていると考えられている。トカゲやヤモリは、海岸に漂着した木の上でひなたぼっこをし、その割れ目で休息をとることがしばしばある。そんな漂着木が海岸を渡り歩けば、ヒッチハイカーも一緒に旅をするのだ。

小笠原諸島には、オガサワラヤモリというヤモリがいる。直径30メートルにも満たない岩礁で調査をしていたとき、このヤモリに出会った。そこは、海鳥が繁殖する以外は、わずかに低木が生えているだけだ。わざわざ上陸するような人間もいない。そんなところにいるのは、やはり波に運ばれてきたからだろう。大きな島から数百メートルしか離れていない場所だったので、漂着物にも乗らずに単身漂ってきた可能性もある。

波は定期的にやってくる。天候が穏やかでも、満月と新月には大潮となり、内陸に打ち寄せて漂流物に手を伸ばし海にさらっていく。代わりに、海の向こうからの贈り物を内陸深くに届けていく。海岸を入り口とした行先不明の定期航路が、

**オガサワラヤモリ**
ちなみにオガサワラヤモリは、小笠原では外来種である。外来のヤモリにオガサワラの地名を冠するのは、ややこしいので勘弁してほしい。

島間に存在しているのだ。

生物たちはさまざまな方法で島に到達する。活字で書くとわずか一行に満たない事象だが、その背景には色とりどりのドラマが横たわる。多くの個体が死に、わずか一握りの生物のみが偶然に偶然を重ねて到達する。私たちが島で目にする生物たちは、語られぬ冒険を生き残った勇者たちの末裔（まつえい）なのである。

# ハワイ諸島の主要8島

有名な島々だが、私自身はオアフ島とマウイ島しか行ったことがない。島の研究者だからといって、いろいろな島に行ったことがあると思ったら大間違いである

← ここから先は北西ハワイ諸島が連なっている

カウアイ島
この中では最も古い島である。女神ペレが最初に上陸した島でもある。

ニイハウ島

モロカイ島

マウイ島
ハレアカラ山のクレーターは異世界感が半端ない。山の中腹には日本産のスギの植林地があってびっくりした。

オアフ島
街中でも多くの鳥が見られるが、90%以上が外来種。ノーヘルでバイクに乗れるが、スピードを出すと怖くなってヘルメットがほしくなる。

ラナイ島
かつてはドール社の世界最大規模のパイナップル畑があった。

カホオラウェ島
WWⅡの後しばらくは、米軍の射爆場として標的になっていた。今は環境復元中。

ハワイ島
一番新しくて一番大きな島。標高4000m以上あり、現在も噴火している。女神ペレの現住所はこの島である。

ギンケンソウ
ハワイ・マウイ島

# 第3章 島で生物が進化を始める

登場人物が集い、島の劇場が幕を開ける。舞台に立つキャストたちは、それぞれの物語をアドリブで紡ぎ始める。メインランドと異なる環境が、メインランドと異なる進化を導く。島での生物たちの振る舞いはユニークだ。この章では彼らの独特の進化に注目したい。これはすべての俳優が主役となる群像劇である。

# 1　さらば、切磋琢磨の日々よ

## カエルは跳ねる

海洋島の生物相はアンバランスである。

それは海を越えられる生物のみが分布できるからだ。

生物が海を渡る方法については、すでに詳述した。その逆に、自発移動や鳥、風、波に乗るという方法を採れないものは、本来、海洋島に存在し得ない。この欠如こそが、まさに島のアイデンティティである。では一体どんな生物が島にいないのだろうか。

海を越えられない代表は、カエルを含む両生類である。彼らは水に依存して生きているものの、甘党でしょっぱいのは苦手らしく、海を渡れない。

多くの読者にとっては、カエルもトカゲも似たようなものかもしれない。そして、トカゲは多くの海洋島に分布している。カエルの方がトカゲよりジャンプ力があるのに海洋島に分布できないとは、いいがかりじゃないかと思う人もいるだろう。しかし、これは事実である。

トカゲの体はウロコに覆われている。このため、外部からの刺激に強い構造となっている。その一方でカエルの肌はソフト＆ウェットだ。彼らの柔肌には海水は濃すぎるようで、海を越えることができないのだ。たとえ海水に濡れないように流木に乗ったとしても、調子に乗って自慢のジャンプを披露し、海に落ちてしまうに違いない。

また、卵で渡るという方法も封じられている。トカゲの卵にはしっかりとした殻がある。このため、流木などに卵が乗っていた場合に多少海水がかかってもへっちゃらだ。一方、カエルの卵は水分を含んでフヤフヤである。海水は淡水に比べて濃度が高く、卵塊を浸しておいたら内部の水分が浸透圧で外に排出され、卵は死んでしまうだろう。

こうなると、もうジャンプ力に頼るしかない。現存する最大サイズのカエルはゴライアスガエルだ。全長約30センチ、ジャンプ力は2メートルだ。島までの海峡が2メートル以下の場合に限り、彼らも島に渡ることができるのである。すでに絶滅した筑波山の四六のガマでもせいぜい全長3メートル、ジャンプ力20メートルというところだろう。ただし、この程度の距離なら、大潮の干潮時にはつながる可能性が高いので、命がけでジャンプするよりは半月ほど待つことをお奨めしたい。

その他、ミミズやカッパなどいかにも耐塩性の低い動物は、海を越えられないため、分布が大陸および大陸島に限られているのが現実である。

世界最大のゴライアスガエル（左）と日本のヒキガエル。

## カナヅチ入るべからず

陸生哺乳類はおおむね海を泳いで島に到達することができない。その理由は、泳ぐのがそれほど得意でないことと、悠々と泳いでいるとサメなどの捕食者に襲われてしまうことに集約されるだろう。このため、海洋島にはコウモリ以外の陸生哺乳類は基本的に分布していない。

このような哺乳類のふがいなさに巻き込まれ、分布を広げられなかったのが、哺乳類に散布される植物である。ネズミやリスなどはドングリやトチノキの実を運搬し、食べたり貯めたりする。そのような実の一部は、ときにその存在を忘れ去られ、また一部の実は含まれるタンニンやサポニンなどの毒性分のため食べ残されてしまう。そんな実から発芽することで、種子散布は完結する。

一方、これらの種子は水に沈みやすく海流散布は難しい。

**タンニン**
茶葉や渋柿などに含まれる、渋味を感じる水溶性化合物。渋柿を干すと甘くなるのは、タンニンが水溶性から不溶性に変わり、渋さを舌が感じなくなるため。

**サポニン**
植物に含まれ、泡を立てる作用がある。界面活性作用があり、サポニンを含むサイカチやムクロジの実は、泡立てて石鹸のように使われた。ジャガイモの芽にあるソラニンもサポニンのひとつ。

もし、リスやネズミが頬袋にクルミを入れたまま遠泳できれば、このような植物も海洋島に到達できただろう。頼る相手をまちがえてしまったことはじつに残念な限りだ。

## 成らぬは人の為さぬなりけり

ドングリや陸生哺乳類、両生類、ミミズなどは、一般に海を越えられない。しかし、これはあくまでも一般的な話だ。例外のない法則はないという法則にも例外はあるかもしれないが、ここでもやはり例外が認められている。

ネズミは陸生哺乳類の中でもひときわ小型の部類に入る。彼らは、ときには泳いで海を渡ることがある。ドブネズミでは1キロ以上、クマネズミでも500メートル以上の海を泳いで渡ることがある。自力でなくとも、ネズミぐらい小さければ流木などの漂流物に乗って移動することも可能だろう。実際のところ、海洋島と考えられる三宅島などにはミヤケアカネズミというネズミがいる。

三宅島や、さらにメインランドから離れた八丈島には、スダジイというドングリで、苦み成分となるタンニンが少ないため、大変おいしく食べられる。もちろんこのドングリも水に浮かないため、普通は海洋島には進出できない。しかし、木の枝や幹が折れて流木化すれば、あるいは島に到達できるかもしれない。

ミミズにもイソミミズなど海浜に生息する種がいる。このような種はある程度耐塩性があり、海を渡ることもあるかもしれない。海を渡れない生物という括りは、あくまでも基本的なセオリーの意味であり、絶対的な掟ではないのだ。

## 島は広いに限ります

島の生物相を決めるのは、移動する生物の性質だけではない。島の地理的な要因にも左右される。

なによりもまず重要なのは面積だ。島の面積が広ければ広いほど、多くの生物が住める。面積の広い島にはそれだけ多様な環境がある。小さい島ではどこに行っても海岸という環境しかないが、広い島には内陸という環境が生まれ、場合によっては標高の高い山地もできる。場所により森林も、草原も、川も、池もできる。多様な環境があれば、それぞれの場所を好む異なるタイプの生物が住める。

面積の広さは資源量にも関係するだろう。広い縄張りを必要とする動物は、小さい島では少数しか生きていけない。個体数が少ないとそれだけ絶滅しやすくなるため、たとえ島にたどり着いたとしても集団を持続的に維持できる可能性が低くなる。体の大きな動物は必要な資源量も多く、相応のサイズの島でないとそもそも生活できないのだ。

実際問題として、ダイダラボッチは本州のみに生息し小さな島には分布しない。一方で、南西諸島には小型のキジムナーやケンムンが分布している。妖怪の個体群の存続可能性も、

**ダイダラボッチ**
主に関東地方や中部地方に多く伝わる巨人。富士山や八ヶ岳、浜名湖などもダイダラボッチが作ったとする伝説がある。デイダラボッチ、でいらんぼうなどとも。

体サイズと島面積に左右されているのである。

このように面積が大きいほど多数の種が生息するという一般的な傾向は、大陸島でも海洋島でも見られることだ。これを種数面積関係と呼ぶ。

## 島は近いに限ります

種数に影響するのは面積だけではない。メインランドからの距離も重要なファクターである。

メインランドからは、さまざまな生物がある確率で海に向かって移動していると考えてほしい。生物の移動力には、当然のことながら種間で違いがある。メインランドから近い島

キジムナー

**キジムナー**
沖縄に伝わる木の精霊。キジムンなどの別名もある。ガジュマルやアコウの古い木に住み、魚とりがじょうずで、捕った魚の左目だけを食べる。おならやタコ、ニワトリがきらい。

**ケンムン**
奄美群島に伝わる妖怪。カッパに近い姿で描かれることも多い。変化（へんげ）の能力をもち、植物やカラス、動物などに化ける。魚の目玉が好きなどキジムナーとの共通項も多い。タコやシャコガイが苦手。

には、ジャンプ自慢のカエルも含めて多くの種が到達できる。しかし、遠い島に到達できるのは移動性の高い一部の種のみである。

本州の低山の代表として高尾山を例にとると、約50種の陸鳥が繁殖している。本州から約100キロ南の三宅島では約35種だ。そして、1千キロ離れた小笠原群島まで行くと12種しか自然分布しない。空を飛べる鳥でも、遠くまで移動する種としない種があるのだ。

たとえば、キツツキやシジュウカラの仲間の移動性は低い。このため、彼らはメインランドから数百キロ圏内の島にしか生息していない。その一方でメジロの仲間は移動性が高く、太平洋やインド洋の隔離された多くの島に進出し、各所で固有種に進化している。

爬虫類でも距離による効果がよく見られる。海洋島と考えられる伊豆諸島でも、シマヘビやマムシなどのヘビが分布している。彼らはトカゲと同様に耐塩性があると考えられるため、近距離なら海を越えられるのだろう。ただし、小笠原諸島やグアム、サイパンなどには、トカゲやヤモリはいてもヘビはいない。体サイズが小さなトカゲなどの方が、漂流物に乗って分布を広げやすいものと考えられる。

　種数と面積、距離との関係は、昆虫や植物などさまざまなグループで知られている。非常に一般性の高い傾向だと考えてもらって結構である。

## 大陸島海洋島化計画

　では、大陸島ではどうだろうか。たとえば、琉球諸島の沖縄島を例に考えてみたい。沖縄島は、約200万年前に大陸から切り離されたと考えられる大陸島だ。そこにはオキナワイシカワガエルやハナサキガエルなど多様な両生類がおり、オキナワウラジロガシなどのドングリがある。オキナワトゲネズミのような陸生哺乳類も生息している。大陸島として、典型的な生物相をもっているように見える。

しかし、哺乳類相をじっくりと見てみると、じつは特異的な条件をもつことがわかる。ここにはシカのような大型植食者も、キツネのような肉食哺乳類もいないのだ。ただし、この島にこのような哺乳類が過去に分布していなかったわけではない。

沖縄島には多くの鍾乳洞がある。また、隆起サンゴ起源の石灰岩地形も維持している。日本の土壌の多くは酸性土壌であるため、動物の骨が土に埋まると溶けてなくなってしまう。しかし、鍾乳洞は石灰岩でできているため土壌が中和され、太古の動物の骨が溶けずに保存されていることが多い。

沖縄島でこれまでに調べられた考古学的な資料から、リュウキュウジカやリュウキュウムカシキョンなど、多くのシカが生息していたことがわかっている。また、宮古島にはミヤコノロジカが分布していた。見つかってはいないが、食肉目の哺乳類が過去に分布していた可能性も否定できないし、む

**食肉目の哺乳類**
西表島には、イリオモテヤマネコが暮らしている。台湾にはイタチやタイワンツキノワグマがいる。

しろいたと考えるのが合理的だろう。

　これらの哺乳動物が絶滅した正確な理由はわかっていない。そこには、島の面積の狭さが影響しているのかもしれない。化石も見つからない食肉目の哺乳類は、いたとしても人が入植するより遥か昔に絶滅したことだろう。リュウキュウジカが絶滅したのは人間が住み始めた約3万年前頃と考えられているので、人の狩猟が影響した可能性も十分にある。いずれにせよ、陸生哺乳類は一度絶滅してしまうとそうやすやすとは分布を再拡大できない。

　面積の限られた世界では、生物の絶滅が生じやすい。島ができてからの歴史が長いほど、多くの絶滅を経験しているだろう。大陸島も一度海で隔てられてしまえば、海洋島に分布しないタイプの種が新たに分布を広げることはできない。このようにして、時間の経過と共に大陸島も海洋島的になっていく。

## ぬるま湯生活の奨め

メインランドから離れているほど生物の種数は減り、生物相の構成はアンバランスになる。このことは、単に種数が少ないという以上の意味をもつ。

地上性の哺乳類がいないことは、植物にとっても動物にとっても、大型の捕食者がいないことを意味する。シカやカモシカは非常に旺盛な植食者であり、植物にとって大きな脅威となる。ネコやイタチなどの肉食哺乳類は、小型動物にとっては地獄からの使者だ。

ヘビやカエルも地上で活動する小動物にとっては大いなる脅威である。1センチの虫にとっては、10センチのカエルでも10倍サイズだ。カエルに襲われるゴキブリたちは、ザクとの白兵戦を日常的に繰り広げている民間人といってよいだろう。量産型カエルが海を越えられなかったのは至上の幸いな

**ザク**
『機動戦士ガンダム』に登場するモビルスーツ（ロボット兵器）。主人公側と敵対するジオン軍の主力量産機。ミリタリーテイストあふれる機体である。

のである。

捕食者の存在は、食べられる側にとって文字通り死活問題となる。地上性の捕食者からの解放は、被食者の生存率に大きく影響する。

また、単に種数が少ないことだけでもそれは大きな意味がある。種数の少なさは、競争者の少なさを意味するからだ。面積が狭くとも、競争者がいなければそれだけ集団を維持しやすくなるだろう。

捕食者と競争者の少なさこそが、島の生物相の最大の特徴である。海という大きなハードルを越えた勇者には、敵のいないぬるま湯の日々が褒美として与えられるのだ。

このようにアンバランスな生物相をもつ生態系を、不調和な生態系と呼ぶ。島には、面積や距離など地理的条件に関わる多くのハードルが用意されている。そのハードルが島の生物相をアンバランスにすることに貢献し、そのアンバランスさは島の生物の進化を促進する原動力となっていく。

## 御都合主義罷り通らず

ただし、島は気むずかしやさんであることも忘れてはならない。近づいた者のすべてに優しく微笑むわけではない。海を越えられたからといって、必ずしも島に定着の条件があるとは限らないのだ。

　昆虫の中には、特定の植物に依存して生活するものも少なくない。ジャコウアゲハはウマノスズクサ属の植物を食べなくてはやっていけないし、タマムシはエノキを愛している。こんな昆虫が島に到達した場合には、うまく適合した食物が確保できなければ子孫を残していくことができないだろう。

　昆虫だけではない。ミミズを好む地上性の鳥には、もちろんミミズがいなくてはならない。卵をほかの鳥の巣に産みつけるカッコウなら、託卵（たくらん）先の小鳥が必要だ。特定のハチに授粉されるイチジクの仲間であれば、ハチと共に島に駆け落ち

**ジャコウアゲハ**

チョウ目アゲハチョウ科の昆虫。オスが発する匂いが麝香に似ていることからこの名がついた。幼虫は、毒をもつウマノスズクサを食べ、その毒のアリストロキア酸は体内に蓄積される。ジャコウアゲハを食べた敵は苦しむことになる。昆虫の中にはジャコウアゲハに似た姿に擬態するものもいる。蛹はお菊虫とも呼ばれ、『皿屋敷』の物語にちなんだ伝説がある。その縁から姫路市のチョウに指定されている。

幼虫

しなくてはならない。

　島に到達するハードルを越えた後には、そこでの生活力が試されることになる。真のぬるま湯の日々はこの更なるハードルの向こう側にある。そのことを考えると、特定の食物を好み、特定のパートナーを必要とするスペシャリストの生物よりも、なんでも食べて誰とでもやっていけるジェネラリストの方が、島に進出しやすいと考えられる。スペシャリストになるのは、島の生活が落ち着いてからの方がよいのだ。

　たとえジェネラリストであっても、気を抜くことはできない。到達した個体が、確実に次世代を生産できるとは限らないからだ。雌雄が別個体の種では、偶然にも受精卵を持ったメスでなければ、オスとメスの少なくとも2個体が到達しなくては次世代が残せない。

　最初に到達した個体がうまく次世代を残せても、まだ油断はできない。競争相手が少ないとはいえ、自らの生活に最適な環境があるとは限らない。島に到達できる種はメインラン

**タマムシ**
コウチュウ目タマムシ科の昆虫。ニレ科のエノキやケヤキのほか、サクラなどの枯れ木や伐採木に好んで産卵する。法隆寺にある国宝「玉虫厨子」は、およそ4800匹分の、タマムシの成虫の翅で飾られていたと伝わる。

**イチジク**
花は外側からは見えず、果物として食べる果嚢の内側に咲く。イチジクコバチが中に入り受粉を助ける。イチジクの種によって、授粉を担うイチジクコバチの種もそれぞれ異なる。

ドの生物相のうち、ほんの一握りだろう。しかし、島に到達した種でも、安定して存続する集団を維持できるのはさらにほんの一握りなのだ。

島には、常にメインランドからの生物の移入がある。しかし、到来した個体の多くは死に絶え、一度集団を成立させてもある確率で絶滅していく。移入と絶滅の差分こそが、現在の島で見ることができる種構成なのだ。

# 2 島の「し」は、進化の「し」

## 進化の真価

ここまで、進化という言葉を気軽に使ってきた。もちろんこれからも気軽に使いたいので、この言葉の意味するところについて、共通の認識を得ておきたい。

歴史上「進化」という言葉が注目された大きな事件が二度あった。一度目はダーウィンが著書『種の起源』を出版した1859年である。これにより、創造論的な生物の起源と真っ向から対立する、進化論的な考え方が生まれたわけだ。この時から、生物学が新たな発展に向かったといえよう。私たちが、進化という概念に出会った瞬間であり、進化学におけるファーストインパクトである。

進化学におけるセカンドインパクトは１９９６年に起こった。そう、ポケモンのゲームがリリースされた年だ。ポケモンの世界観により、進化という言葉が子供たちの間で一般化し定着したといってよいだろう。学問の世界で生まれた概念が、幼児教育の世界にまで影響を及ぼした瞬間である。

さて、ポケモンの世界では小型のピチューが中型のピカチュウに「進化」する。種子型のヒマナッツが花の咲いたキマワリに「進化」

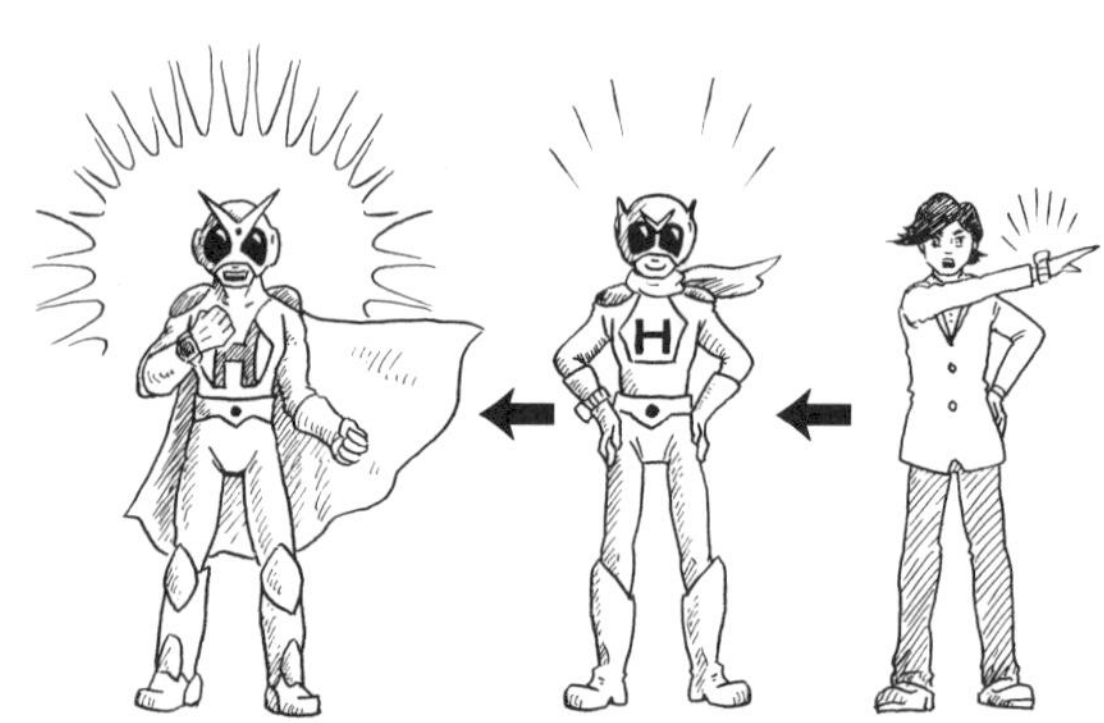

変身や最強フォームへの強化も進化ではない。

**ポケモン**
ポケットモンスター。いわずと知れた大ヒットゲームとそのキャラクター。世界中の子供たちを夢中にさせた。

する。しかし、ここでいう「進化」は、生物学者が考える進化とは異なるのだ。生物学者から見ればピカチュウは「成長」、キマワリは「発芽」であって、進化ではない。

ただしこれは、ポケモン世界を否定しようという試みではない。彼の世界の「進化」は、彼の現象に対する定義として十分に成立しているので問題ない。ここでは、この本を成立させるための進化という概念を定義しよう。

## 大排気量化は時代の流れ

生物学での進化とは、個体に帰属する現象ではない。あくまでも集団が単位となるものである。結論を先に述べると、「集団における遺伝子頻度の変化」こそが進化の実体である。ここでは、ハーレー・ダビッドソンの歴史から進化の様相を追ってみたい。

初代ハーレーは1903年に単気筒の409ccのバイクと

して生まれ、１９０６年からは５７５ccに変更されて量産された。つまり、当時のハーレーという集団は、すべて単気筒という性質をもっていたのだ。単気筒とは、エンジンに力を発生させるシリンダーの数が1本だということだ。

その後、時代のニーズに合わせてハーレーの大排気量化が進む。１９０９年には単気筒モデルに加え、二気筒のモデルも生産するようになる。シリンダーの数が2本に増えたのだ。しばらくの間は、単気筒と二気筒のモデルが共に生産されていた。しかし、時代の要請は大排気量化を加速させ、単気筒モデルは衰退し、現在はすべてのモデルが二気筒モデルとなっている。このことにより、よりパワフルで高速のマシンが出現してきたのだ。

「単気筒」という性質をもつ遺伝子を想定しよう。その中から、「二気筒」という性質をもつ遺伝子が突然変異として生まれる。そこに、よりパワーとスピードを求める「時代の要請」という選択圧がかかることにより、「二気筒」のマシン

**ジェシカ・アルバ**
アメリカの女優。『シン・シティ』や『マチェーテ』などハードなアクション映画もこなす。ドラマ『ダーク・エンジェル』においてカワサキのＮｉｎｊａ２５０を駆る。一時期はゴールデンラズベリー賞の常連でもあった。

**ヒットガール**
ヒーローにあこがれる少年を描いたアメリカンコミック

が好まれていく。そのおかげで「二気筒」遺伝子をもつマシンの販売台数が伸び、より多くの「二気筒」マシンが生産されていく。一方で人気のなくなった「単気筒」の遺伝子は、次世代を残せなくなっていく。

この現象を見直すと、過去約100年の間に集団の中の気筒数を決定する遺伝子の頻度が変化し、「単気筒」型優勢から「二気筒」型優勢に移行したのだということができる。これこそが進化である。

ジェシカ・アルバにはカワサキが、ヒットガールにはドカティがよく似合う。好きなバイクは人それぞれ。もしかしたら、あなたはハーレーを購入し、自分の好みに合わせてロー&ロングなイージーライダー仕様に改造するかもしれない。しかし、このような個体レベルでの改造は、進化とはいわない。イケてるシマウマがモヒカン刈りをやめて、ロン毛のウイッグを装ったようなものである。

進化するのは、あくまでも集団であり個体ではないのだ。

『キック・アス』のヒロイン。少女だが人並み外れた戦闘能力を有する。2010年に映画化され、クロエ・グレース・モレッツが鮮烈に演じた。銃撃戦の最中に空中で弾倉装填するシーンは一見の価値あり。続編『キック・アス／ジャスティス・フォーエバー』では成長したヒットガールがイメージカラーの紫色のドカティ1199Panigaleを疾走させる。

進化とはいわない。

## 三途の川にはもって行けない

進化という現象には条件がある。それは、集団において変化する性質が「次世代に遺伝する性質である」ということだ。生まれてから後に獲得した性質は次世代に遺伝しない性質なので、進化することはない。前出のバイクのカスタムはまさに獲得形質に該当する。

突然だが私は服を着ている。おそらく、紳士淑女の皆さんも服を着ていることだろう。もし全裸でこの本を立ち読みしているのなら、悪いことはいわない、すぐに当局に出頭したまえ。

さて、読者のほとんどが洋服を着ているのに対し、ホモ・サピエンスがアフリカで生まれた20万年以上前には、洋服どころか和服すら着ていなかったに違いない。では、この間に人類は「裸の集団」から「服を着る集団」に進化した、ということができるだろうか。

無論、答えは否だ。なぜならば服の着用は親から子へと遺伝するものではなく、生まれた後に獲得される性質だからだ。私たちが服を着るのはあくまでも文化の伝播によるものである。文化から切り離されて狼に育てられた子供が自発的にいそいそと服を仕立て、パリッとしたスーツできめて森の音楽会に参加することなどない。いかに、集団としての性質が変わったとしても、遺伝しない性質は進化しないのだ。

一方で、裸の古代人が服を着るようになった背景には、進化的な要素も介在していると考えられる。現代に至る間に、人間は体毛が濃い集団から無毛に近い集団に変化してきた。このことは、ヒトが服を着て身を守る必要が生じたことと大いに関係があろう。体毛の多寡は遺伝的に決定される性質なので、この変化は進化と呼べるだろう。

人間の集団には歴史的にさまざまな変化が生じているが、その中には進化によるものと文化によるものがあるのだ。

## 遺伝的バトルロワイヤル

進化を生じさせるメカニズムは、まだすべてが解明されているわけではない。しかし、一般的なセオリーについては理解が進んできている。進化を導く代表的なメカニズムは自然選択である。

自然選択は、ダーウィンによって提唱された原理である。平たくいえば、生存上有利な形質をもつ個体が他個体よりも多くの子孫を残すことにより、その個体の性質が集団の中に広がるということだ。

生存上有利な形質には、いろいろなタイプのものがある。たとえば、公園にいるドバトには白や茶色、グレーなど、さまざまな羽色のものがいる。しかし、都市では白い個体は目立ちやすいためタカやカラスに見つかりやすく、捕食されやすいと考えられる。

**ドバト**
カワラバトを原種とした家禽。各地で野生化している。ドバトの「ド」は、寺などに多く見られることから「堂バト」が転じたものとする説が有力。

　このようなことが起これば、都市では白い個体は捕食されて次世代を残せず、アスファルトに紛れやすいグレーの個体ばかりが効率的に次世代を残し、徐々にグレーの集団になるだろう。逆に、白い海岸が広がるような地域であれば、保護色になる白い個体の集団が成立するかもしれない。

　この場合は、さまざまな色の羽色をもつ集団から、都市ではグレーの集団に、海岸では白色の集団に進化したといえる。

　捕食圧だけではない。食物を効率よく探す視力、とてつもなく魅力的な容姿、病気にかかりにくい丈夫さ、母性本能をくすぐるふとした弱さ。より多くの子孫を残すことに関わる遺伝的な形質は、自然選択を介して進化しやすいと考えられる。

## ハジメの一歩

　自然選択による進化は、島に限らずメインランドでも生じやすい一般的なメカニズムである。一方で、とくに島において生じやすい現象が存在する。それは、創始者効果とボトルネック効果だ。

生物は、同種だからといって必ずしも均一な性質をもっているわけではない。たとえば、ネコの血液型にはA型、B型、AB型があるそうだ。このうち、偶然A型のオスとメスが、手に手を取り合って島に移住したとする。そうすると、この島でその後に生まれる子孫はみんなA型になる。ここでは、自然選択のような有利不利による進化は一切ないが、集団の始祖が偶然もっていた性質を受け継ぎ、祖先集団と異なる集団ができあがったわけだ。この現象を創始者効果と呼ぶ。

島への移住に成功する個体は、多くの場合非常に少ないはずだ。ときには、1個体しかいないかもしれない。たとえば、自分の花粉で種子を作れる植物や、栄養生殖で増える植物なら、1個体でも次世代を残せる。すでに卵を体内にもった昆虫や単為生殖するヤモリなども同様である。

**単為生殖**
昆虫のナナフシの仲間も多くは単為生殖を行う。ヤエヤマツダナナフシはメスしか見つかっていない。

オガサワラヤモリは小笠原諸島にいる外来のヤモリと紹介したが、彼らは琉球列島でも1971年頃から確認され始めた外来種である。このヤモリは、単為生殖によってクローンを作って増える。オガサワラヤモリには、10タイプ以上のクローンがあるが、琉球列島で見られるのはクローンCと呼ばれるタイプのみだ。これは、最初に移入された個体が偶然にもクローンCであったためと考えられる。まさに創始者効果の好例といえる。

## ボトルにチョコは入らない

島で注目されるもう一つの現象が、ボトルネック効果だ。先に述べたとおり、同種であっても集団の中には多様な変異が維持されている。しかし、なんらかの理由でその集団の個体数が少なくなったときに、偶然偏ったタイプの個体が残されることがある。

一旦少なくなった集団が再び個体数を回復したときには、生き残った個体の性質がその後の集団全体の性質に反映されることとなる。少なくなってからの集団の性質に関わる挙動は、創始者効果と同じと考えてよい。細いビンの首に敬意を表し、これをボトルネック効果、またはビン首効果と呼ぶ。

大きな袋に入ったＭ＆Ｍ’Ｓを考えてみよう。その袋には、赤や青、緑、黄色など、さまざまな色のチョコレートが入っており、美味しさだけでなく視覚的にも楽しませてくれる。物憂げな女性がブランデーを片手にＭ＆Ｍ’Ｓを食べ始めるが、袋が大きいので中身はなかなか減らない。

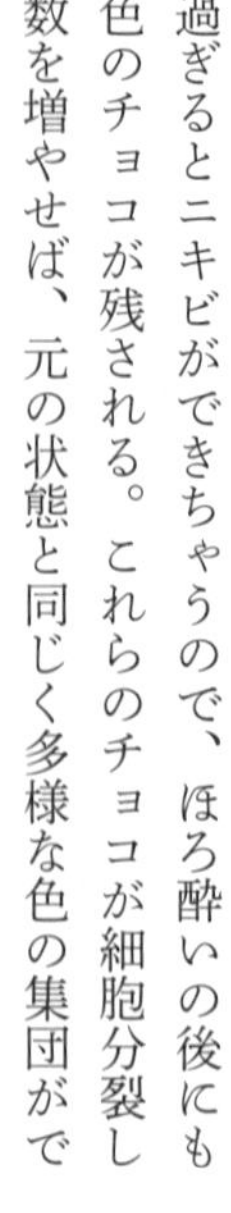

食べ過ぎるとニキビができちゃうので、ほろ酔いの後にも多様な色のチョコが残される。これらのチョコが細胞分裂して個体数を増やせば、元の状態と同じく多様な色の集団ができあがるはずだ。

物憂げな女性がブランデーを片手に。

しかし、袋が小さいとどうだろう。全部食べきるのは行儀が悪いので、彼女はいくつかを残しておくことにする。しかし、そこには最初にあったような多様な色は残っていない。残されたのは偶然にも青や緑のチョコだけだ。

その後に、ドラえもんが現れて四次元ポケットからバイバインを出して数を増やしてくれても、色はみんな青や緑ばかりになる。よく見ると、その女性は大人になったジャイ子かもしれないが、それはまた別の物語だ。色が世代を超えて遺伝すると考えると、最初にあった多彩な色の集団から、青や緑のみでできた寒色の集団に進化したということができる。

このようにボトルネック効果は、個体数が少ない集団で起こりやすい。この現象が生じる原因は、台風や火山の噴火などの自然災害、異常気象による食物不足、捕食者の一時的な増加など、さまざまな事象が考えられる。個体数が少ない集団では、大きな集団では耐えられるような出来事でも、多様性を激減させる確率が高くなるのだ。

**ジャイ子**
『ドラえもん』に登場する人物。ジャイアンこと剛田武の妹。本名は不明。夢は少女漫画家になること。本来はのび太の奥さんになる予定だったらしい。

## 多様性、はじめました

なんらかの進化が生じる背景には、遺伝的な多様性の存在が不可欠である。形態や行動に個体差が存在するからこそ、自然選択やボトルネックが生じ得るのだ。環境変化を越えて生き残る個体がいるためには、集団内に多様な遺伝的な形質があり、さまざまな行動をする個体の存在が必須である。種内の多様性がなければ、みんなで仲よく共倒れしてしまう。

遺伝的多様性は突然変異が生じることで維持されていると考えられている。しかしそれだけでなく、雑種の形成も多様性の維持に貢献している可能性がある。

ガラパゴスのダーウィンフィンチ類のゲノムを解析した研究では、しばしば種間で雑種を生じていることが示されている。雑種の形成は、種の純粋性の維持を考えると一般には歓迎されないことが多い。しかし、島の小さな集団ではボトルネック効果などで遺伝的多様性が必然的に貧弱になりやすい。そんな先細りの状況の中では、別種の遺伝子を得ることにより、種内での遺伝的な変異を多様化させている可能性があるのだ。

交雑ができるかできないかを種間の違いの基準にすることがある。生物学的種概念と呼ばれる考え方だ。しかし、現実的には形態的に明らかな別種でも交雑できる場合がある。たとえば、マガモとカルガモは見た目がまったく違うが雑種が生じる。また、種分化の途中では別種への道を歩みつつある集団同士で、交雑が可能なステージが存在する。

いずれにせよ、集団の中に遺伝的多様性が存在するからこそ、さまざまな進化が速やかに生じ得るのである。

**マガモとカルガモ** マガモとカルガモの雑種は、通称「マルガモ」。

## 偶然の産物

生物学をたしなんでいると、すべての生物の形態や生態が、長い進化の歴史を背負った、なにやらありがたいものに見えてくる。しかし、これは買い被りである。角を曲がったときに転校生とぶつかり恋に落ちるのと同様、世の中には偶然が満ちあふれている。

生物の遺伝子は、時間をかけて突然変異を生み続けている。そのおかげで、生物の集団内には遺伝的な多様性が保たれている。

もしもそこに、致死的な病気になりやすい遺伝子が突然変異で生じたとしよう。そのような性質をもつ個体は子孫を残しにくいため、この遺伝子は集団の中から徐々に消えていくに違いない。

次に、他個体をはるかに凌駕（りょうが）する高い視力を支える遺伝子が生まれたとしよう。その個体は、はるか遠くから迫り来る宇宙人の攻撃をいち早く察して生き残り、子孫を多く残すことになる。おかげで、この遺伝子は集団の中に広がっていくことになるだろう。

その一方で、とくに可もなく不可もない性質が生まれたとしよう。たとえば、耳を折り畳んで耳穴に入れられるような他愛無い遺伝子だ。それができてもモテはしないし、だからといって損もしない。そのような毒にも薬にもならない遺伝子が、偶然広がったり、逆にいなくなったりすることもある。とくに個体数が少ないと、集団全体の傾向に影響することがあるのだ。これを遺伝的浮動と呼ぶ。これもまた進化の一つの形だ。

集団が小さいことで偶然が起きやすくなるのも、島の特徴である。

不調和な生態系と、創始者効果、ボトルネック効果、遺伝的浮動、島の進化を促進する条件が、段々とそろってきた。繰り返し述べたが、狭いエリアで小さな集団を維持していることが、島での独特の進化を支えているのである。

# 3 正しい固有種の作り方

## 僕らはみんな、固有種だ

固有種とは、ある特定の地域にしかいない生物のことである。これに対して、広く分布する種を広域分布種などと呼ぶ。

特定の地域といっても、そのスケールにとくに定めがあるわけではない。日本にしかいない種は日本の固有種、沖縄にしかいなければ沖縄の固有種と呼ばれる。スケールを大きくすると、人間を含めて我々が知っている生物は地球固有種というわけだ。一方で、ウルトラマンは宇宙各地に分布を広げているので、広域分布種といってよいだろう。

さて、島という地域は固有種が生まれやすい場所である。面積が狭いにもかかわらず、島には多くの固有種が分布して

**ウルトラマン**
1966年から放映された円谷プロ制作によるSF特撮番組。またはそのシリーズ。人間に味方する宇宙人で、宇宙警備隊員。企画段階では、ウルトラマンではなく、ベムラーという名前も挙がったというが、その名は第一話の怪獣に使われた。

いる。

日本鳥学会が発表したリストによると、これまでに国内で確認されている野鳥の種数は６８０種を超えている。その中で、日本の固有種は、絶滅種を含めて21種である。

このうち、本土地域に産するのは、キジ、ヤマドリ、アオゲラ、カヤクグリ、リュウキュウサンショウクイの５種のみで、残り16種は南西諸島や伊豆諸島、小笠原諸島といった島嶼地域の鳥類である。北海道、本州、九州、四国を足した本土地域の面積が約36万平方キロ、島嶼部が約１万７千平方キロだ。本土部と島嶼部のそれぞれについて、固有種数を面積で割ると、固有種の密度は島嶼部で本土部の68倍にもなる。固有種が、とくに島に偏って分布していることはまちがいなさそうだ。

島の生物相の中で、固有種が占める割合を固有種率という。メインランドから隔離された海洋島では、とくに固有種率が高い。移動性の低いマイマイでは、小笠原で固有種率95％、ガラパゴスで96％、ハワイで99％とされる。植物を見ても、小笠原では種子植物の40％、ガラパゴスでは52％、ハワイでは89％が固有種だ。比較的移動性が高い鳥類でも、小笠原では25％、ハワイでは90％が固有種とされている。

なんだか数字が並ぶと申し訳ない気分になるが、とにかく島に固有種が多いということだけ覚えておいてもらえれば、細かいことは忘れてもらって一向に構わない。

## 分け隔てします

不調和な生態系では固有種が生まれやすい。それだけでなく、隔離された環境は生まれた固有種が維持されやすい環境でもある。

孤立した島の集団は、他地域の集団と頻繁に交流することが容易ではない。島に到達する頻度が少ないと、別の集団との遺伝的な交流の機会が少なくなるため、独特の集団が生じやすい。元の集団からの移動がその後も生じなければ、独自性が固定されていくことになる。

ただし、たとえ孤立した島であっても、ほかの集団との交流が途切れない場合もある。たとえば、一定の海流に乗って島間を移動する海流散布植物の場合がそうだろう。このため、たとえ隔離されていても海流の経路にあれば、続々と母集団の遺伝子が流入してきてしまうのだ。このような広域分布種として、日本の沿岸部を含め太平洋の各地に分布するオオハマボウやモモタマナ、グンバイヒルガオやハマゴウなどの植物がある。

とはいえ、海が一般的に障壁になりやすいことは否定しようがない。海は、外から島に来るもののフィルターになると同時に、島から外に出ようとする種に対しても大きな障壁となる。このため、一度生じた固有種が再び分布を広げ、二次的に広域分布することは容易でない。

## 正しい座敷のワラし方

さて、固有種が生まれるプロセスには大きく二つある。隔離分化固有と遺存固有である。

生物は霞（かすみ）から生まれてくるわけではない。島にいくら固有種が多いとはいえ、彼らは机の引き出しの中からタイムマシンと共に突然出現することはできないのだ。固有種にも、その素となる生物がいたはずである。

ここでは、日本の固有種であるザシキワラシを例に考えてみよう。ザシキワラシの祖先を、仮にザシキワラシノモトと呼ぶことにする。面倒なのでニックネームはノモトだ。

ノモトも最初から日本にいて、おかっぱ頭で座敷をワラしていたわけではあるまい。おそらくユーラシア大陸の洞窟の中で、獣の皮を身にまとい地面を直接ワラしていたはずだ。まだ日本が大陸と地続きだった頃、彼らは日本に移動してき

**ザシキワラシ**
座敷童。東北地方に伝わる子供の姿をした精霊。または神。いたずらもするが、ザシキワラシがいる家は栄えるという。柳田國男著『遠野物語』にも登場。

**ワラす**
残念ながら、辞書にはそんな動詞は載っていない。

た。

しかし、日本人の住居が洞窟から竪穴式住居、和風家屋に変化するにつれ、「座敷」という新たに利用可能な生息地が出現した。これは、ノモトがもともと利用していた生息地ではない。しかし、突然変異によりこの「座敷」に住むことができる個体が出現したのだ。

人口の増加と共に、洞窟よりも座敷の方が遥かに多くなったことは想像に難くない。そうすると、座敷を利用する個体の方が、洞窟を利用する個体よりも生存に有利になり、座敷個体が増えてくる。こうして、洞窟を生息地とするノモトから座敷に依存するザシキワラシに進化したというわけだ。座敷利用にあわせて、彼らは髪型をおかっぱに、毛皮を浴衣に替えたが、これらは進化ではなく文化の伝播によるものである。

こうして成立したのが、日本で観察されるザシキワラシである。日本の特殊な環境に適応し、ノモトとは異なる性質をもつ集団として地域的に進化してきたのだ。

しかし、ザシキワラシは泳げないため、海に囲まれた日本から外に出ることはできない。世界動物図鑑を見ても海外でのザシキワラシの記録はない。このようにして、特定の地域で祖先集団とは異なる形や性質をもつ集団に進化することで固有種が生まれるのが、隔離分化固有のプロセスだ。

たとえば、沖縄島にはヤマネコなどの地上で襲いくる捕食者がいない。ヤンバルクイナは、この特殊な生物相にあわせて飛翔性を失い地域的に進化したと考えられ、隔離分化固有の好例といえよう。

## 正しい河童の作り方

次に、同じく日本固有種であるカッパを例に考えてみよう。

**ヤンバルクイナ**
ツル目クイナ科。1981年に新種であることが判明した飛べない鳥。この発見は一大ブームを巻き起こしたが、以前から地元の人には知られた存在だった。

カッパは、私の職場の近くにある牛久沼や黄桜のラベルを生息地とする、日本では比較的メジャーな動物だ。ときどき尻子玉とキュウリを略奪するのがやや気に障るが、実害はないので駆除されることなく生き残っている。

　さて、カッパは日本にしかいないので日本固有種といってよい。しかし、文献を繙く（ひもとく）と、過去にはより広い範囲に生息していたことがわかる。中国の『本草綱目』という文献は、大陸に水虎（すいこ）という水辺の動物が分布していたことを記録している。これは、文献上の特徴からカッパの一種と推定されている。九州には九千坊（くせんぼう）と呼ばれるカッパが中国から渡ってきたという記録もあり、大陸にいた種が日本に分布を広げてきたことはまちがいない。

　しかし、現在の中国の動物図鑑にカッパが載っていないことから、大陸ではすでに絶滅しているといえよう。カッパは金物を嫌うため、おそらく金属文明の拡大が大陸

**カッパ**
河童。水辺に住む妖怪で、日本各地に伝承が残されている。カメのような甲羅を背負い、頭は皿状で、くちばしという姿で描かれる。相撲が得意でキュウリが好き。ときに牛馬を河の中に引き込む悪さをすることもあるという。河太郎、ガタロなど各地でさまざまな呼び名がある。

における絶滅の原因と考えられる。幸いにも、その影響は海を隔て木材をこよなく愛する日本までは及ばなかったようだ。おかげで、カッパは日本で生き残っている。

この例のように、もともとは広域分布種だった生物が、分布域の大部分で姿を消し、一部の地域のみで生き残り固有種になることがある。ここでは、祖先のカッパノタネから、環境に合わせて進化が起きて固有種となったわけではなく、単に分布が変化しただけだ。これを遺存固有と呼ぶ。進化を伴わずに、固有種が生まれることもあるということを、覚えておいてほしい。

キジの仲間のヤマドリは本州、四国、九州に分布する日本固有種である。そして、彼らは遺存固有だろうと考えられている。この島に近縁な種として、ミャンマーのビルマカラヤマドリや、台湾のミカドキジなどが知られているが、いずれもヤマドリの分布域とは接していない。

ヤマドリは、長距離飛翔を行わないキジ科の鳥だ。移動性

**ヤマドリ**
キジ目キジ科。山にいるからヤマドリとは、いい加減な命名をされてヤマドリはさぞ憤っていることだろう。無論、山地にはヤマドリ以外の鳥も住んでいる。

の低いキジの仲間が、ミャンマーと台湾、日本を点々と移動してきたとは考えにくい。このため、以前は極東から南アジアの広い範囲に共通祖先が生息したものと考えられる。しかし、なんらかの理由で分布の中心部では姿を消し、海を隔てた日本や台湾、辺縁部のミャンマーの集団が生き残ったのだろう。

遠い過去にゴンドワナ大陸から分離したニューカレドニアには、多くの遺存固有の種が記録されている。頭に角をもつ巨大なカメであるメイオラニア類の固有種や、陸生のワニであるメコスクス類の固有種などもその一角であろう。ただし、これらの爬虫類は人間の到達とともに絶滅しており、現在は、その姿を化石でしか見られないのは残念な限りだ。

## 進化の魅惑にご用心

島の固有種と聞くと、つい島で特殊な進化を遂げたのだろ

メイオラニア類

うと考えてしまう。確かに、そのような種もたくさんいるだろう。しかしその一方で、遺存固有の色の強い生物もしばしばいるのだ。ヤマドリだけでなく、奄美諸島の固有種であるルリカケスも遺存固有の香りがする。こちらの近縁種は、南アジアにいるインドカケスだ。

もちろんルリカケスだって、奄美において一切進化をしていないわけではない。ルリカケスの祖先は広い分布をもち、遺存的に奄美に生き残ったはずだ。そして、その孤立した世界でやはりその環境に合わせ、現在のルリカケスに進化してきたと考えられる。私の勝手な判断では、遺存固有7割、その後の進化3割といったところだろう。

とはいえ、ある固有種を見たときにそれが遺存固有なのか、隔離分化固有なのかを判断するのは容易でない。ヤマドリやルリカケスの例では、遠隔地に近縁種が生き残っていたからこそ、祖先種が広く分布していたことが推定されている。

しかし、遠隔地の近縁種が絶滅している場合にはどうだろ

**ルリカケス**
スズメ目カラス科の鳥類。奄美大島、加計呂麻島、請島のみに生息する固有種。

う。ついつい、これはこの場所で特殊な進化を遂げたに違いない、と考えてしまうかもしれない。このように考えてしまうのは、その方がワクワクするからだ。

生物の研究は科学の進展と共に発展してきている。とくにＤＮＡの研究は、生物の系統関係を明らかにすることに大きな貢献をしている。しかし、現存しない種の分析をすることは容易ではない。

私たちが見ているのは、現在という瞬間だけであり、長い進化の歴史を見られるわけではない。特殊な進化という魅力的な言葉に、しばしば身を委ねたくなることもある。確かに島という環境は固有種を生み、維持しやすい。しかし、それが必ずしも特殊な進化と同義ではないことは、肝に銘じておきたい。

# 4　多様化する世界

## A列車で行こう

あなたは今、山手線に乗っている。もちろん、ゆいレールでも銀河鉄道でもかまわない。いずれにせよ、あなたが座っているのはきっかり7人掛けのベンチシートだ。横幅は約3・5メートル、7人で座れば、一人に与えられたスペースは50センチしかない。

膝の上に荷物を載せ周囲に気を遣う。隣の紳士は若干恰幅(かっぷく)がよく、60センチを占めている。むむっ、そこは私の領土だ。猛スピードで瘦せてその領土を返してくれたまえ。もちろん気の弱い私にはそんなことを口に出すことはできず、愛想笑いを浮かべながら肩を狭めてやり過ごすのが関の山である。

**ゆいレール**
沖縄都市モノレール線の愛称。那覇空港駅とてだこ浦西駅を結ぶ。

しかし、これが4人しか座っていなければどうだろう。一人分のスペースは87センチ。随分とラクになる。ゆったり足を組み隣に荷物を置く。読書に没頭するもよし、妄想に邁進(まいしん)するもよし、幸せな時間が過ごせるだろう。車内には一様に穏やかな雰囲気が漂っている。

さらに車両が空くと、7人掛けのシートに座るのはあなただけだ。荷物を置いてもまだ余る。寝転ぶもよし、流しそうめんもよし、アイデア次第でさまざまな利用方法が可能となる。運営会社の経営は大丈夫なのかと、心配すら頭をもたげる空きっぷりである。

シートのスペースは生態系の中に存在する資源に相当する。多数の種がひしめき資源を奪い合うメインランドは、7人で座る満員電車だ。限りある資源を分け合い、それぞれの種が利用できる資源の幅はごくわずかだ。

大陸島では、メインランドよりも種数が減るだろう。このため、それぞれの種が利用できる資源の幅は拡張されることになる。海洋島ではさらに種数が少ないおかげで、さまざまな資源を独り占めに利用可能となる。

生態系の中でそれぞれの生物が利用する環境中の資源を、ニッチや生態的地位という。ここでの資源は、ときには食物であり、ときには空間である。メインランドでは多数の種がそれぞれに狭いニッチを占め、環境中に資源の余裕がない。これに対して、種数の少ない島ではニッチに余裕が生じる。島に住む選ばれし生物は、他種が利用しない資源にまで利用を広げられるのだ。ニッチの拡大は、島の生物の特徴の一つである。

## 出る杭も打たれない

満員電車内の生物にとって、自らが占有していない資源はことごとくほかの種が占めているため、利用の拡大は難しい。しかし、生物たちは自らの支配下にある資源のみでは飽きたらず、それ以上の範囲に利用を広げるチャンスを常に窺っている。

ここに、木の枝葉で虫を食べる鳥がいたとしよう。彼らはより多くの食物を手に入れるため、ほかの場所にも進出したい。たとえば、木の幹にいる虫もとりたいわけだ。しかし、そこにはキツツキがいる。木の幹の専門家と競争しても、十分な食物は得られず時間の無駄になるだろう。

そうなると、木の幹に執着するような突然変異個体が生じても、十分な食物が得られず次世代に遺伝子が残せない。結局の所、専門である枝葉でうまく採食する個体が生き残り、種の特性となっていくのだ。

彼らは島に到達しても枝葉で虫を探すはずだ。しかし、ここでもまた突然変異により、ほかの部位で採食する個体が生じることになる。そして、木の幹や地上など、彼らが本来使っていなかった部位を利用する個体が生まれてくるのだ。

島には、樹幹で競争相手になるキツツキも、地上で捕食者となるキツネもいなかった。慣れない場所での採食は、最初は効率が悪いかもしれない。メインランドではこの時点で芽を摘まれてしまうが、島の女神様は温かく見守ってくれる。

島ではメインランドに比べ、新たなニッチを利用するような突然変異が生じやすい、というわけではないだろう。メインランドでも島でも同じように生じる異端な行動が、メインランドでは速やかに排除され島では生き残りやすいということだ。

アンバランスな種構成が原動力となり、島ではニッチの拡大が推進されていくのである。

## 昨日の友は、今日の別種

ニッチの拡大の対象となる資源は、種によって多様である。食物、採食場所、営巣場所、寄生相手、行動時間など、生態系に存在するあらゆるスケールの資源が対象となる。

海辺の草原に生える植物が、メインランドから島に到達する。その島には植物の種数が少ない。競争者のいない中、海辺の草原から内陸の草原へ、森林へ、尾根沿いへ、さまざまな環境に分布を拡大していく。こうして、多様な環境を利用するように進化した種は次の段階に至ることになる。

さまざまな環境に資源の利用範囲を拡大した個体は、同じ環境を利用する個体と交配しやすくなり、その環境に適応していく。より乾燥に強い個体が草原で生き残り、子孫を残す。より少ない日射しで生きられる個体が森林で生き残り、子孫を残す。

これが繰り返されると、それぞれの生息環境に適した集団が成立し、環境ごとに異なる特徴をもつだろう。このように、空きニッチの多い生態系に入り込んだ種が、異なるニッチに適応して急速に種分化する現象を、適応放散と呼ぶ。

## 来るべき、独立の日々

世界的に有名な適応放散といえば、ガラパゴス諸島のダーウィンフィンチや、ハワイ諸島のハワイミツスイなどの海洋島の例だろう。適応放散は海洋島だけのものではなく、マダガスカルのオオハシモズもその典型例の一つである。

彼らは、種によってそれぞれ独特の形態のくちばしを進化させている。種子食に適応した太いくちばし、小型種子を食べる小さなくちばし、蜜を吸う細長いくちばし、昆虫を食べるなんだか普通の特徴のないくちばし。ダーウィンフィンチは1種の祖先から13種に、ハワイミツスイは30種以上に、オオハシモズは14種に種分化を遂げた。分類学的な問題で種数については多少異なる場合もあるので、細かい数字は気にしなくてもよい。とにかく多数の種が生まれたのである。

ダーウィンフィンチで特筆すべきは、その資源利用のバリ

**ダーウィンフィンチ**
スズメ目フウキンチョウ科の鳥類。ダーウィンの進化論の発想のきっかけとされることが多いが、ダーウィンは、ガラパゴス諸島に分布するダーウィンフィンチ類を採集はしたものの、それぞれ別種と考えて重要視していなかった。

エーションの多さだ。大きい種子や小さい種子、昆虫などのような、想定内のものだけではない。

キツツキフィンチは小枝を道具として使い、穴の中に住む昆虫の幼虫を引っ張り出して食べる。ハシボソガラパゴスフィンチは海鳥をつついて怪我をさせ、にじみ出てきた血をなめる吸血鳥類だ。相手を殺さずに食べるなんて、まるで悪魔「ジンメン」の所行である。有名になりたいからといって、驚異的にニッチを広げすぎだ。

昆虫やマイマイなど小型の動物でも、適応放散は世界各地で起こっている。とくに移動性の低い種類では、一度特定のニッチに入り込んでしまうと、別のニッチに適応した個体と交流が途絶しやすいだろう。

マイマイの場合では、同じ地域でも地上を利用するものと樹上を利用するもので、適応放散による種分化を生じることがある。小笠原諸島のカタマイマイ類は、１種の祖先から20種以上に分化した。この例では、それぞれの島で樹上性、地

**ジンメン**
永井豪作『デビルマン』に登場するデーモン。悪魔。カメのような姿で、人間を食べる。甲羅にはジンメンが食べた人の顔が浮かび上がっており、意識はしっかりとしていて話をする。人間の心をもつデビルマンこと不動明は、ジンメンへの攻撃を躊躇せざるを得なかった。

上性、半樹上性の種が生まれるという種分化を繰り返している。このように、同じ祖先種から何度も同じような適応放散を繰り返して種分化する現象を反復適応放散と呼ぶ。

島では競争相手が少ないため、適応放散による種分化が生じやすいのだ。

## 群れがあるから孤立する

島で種数が増加しやすい要因がもう一つある。それは、多くの島が単独ではなく、複数の島で構成された群島となっていることだ。火山活動が生じる場所に島ができやすいことを考えると、島が局所的に集中して分布するのも頷けるだろう。

群島のいずれかの島に到達した種は、まずはその島での定着に精一杯だろう。第一ステージとして定着に成功すれば、第二ステージでは他島への分布拡大が視野に入る。移動性の高い種なら、頻繁に島間で交流が生じ群島全域に分布する種になる。移動性の低い種であれば、最初にたどり着いた島から分布を広げないかもしれない。

　両者の中間の種もあるだろう。頻繁には移動しないが、まれに移動するような種だ。この場合は、他島に広がった個体は始まりの島の集団との交流を絶たれやすくなる。そして、各島の環境に適応した子孫が生き残り、異なる形質をもつ集団が形成されることだろう。

　このように、多数の島のそれぞれにおいて、祖先種から派生した集団が別個に維持され、種分化していくことは珍しくない。これを群島効果と呼ぶ。

　たとえば、先に紹介したダーウィンフィンチやハワイミツスイなどが多数の種に分化した背景には、同じ島での適応放散だけではなく、群島効果も含まれている。話の都合上秘密にしていたことを、ここでお詫びしておきたい。

## 時は流れる

さて、そろそろお気づきかもしれない。種数と、島の面積、メインランドからの距離の話をしたときに、あたかも島の生物の種数は少ないかのように話してしまった。それはそれで事実である。しかし、それは事実の一側面しか説明していない。

島に定着した種は、適応放散や群島効果などにより、時間と共に種数を増加させていくのだ。単一の祖先種から数十種が生じることも珍しくない。島の生物の種数は不変ではないのである。

このため島に生息する生物の種数は、島が生まれてからの年数に従って変化すると考えられている。最初は種数が少ないが、さまざまな種が島に到達することで種数を増加させる。さらに、適応放散や群島効果により種分化を生じ、種数が増えていくのだ。いずれ、島のニッチはそうした種によって、それぞれ占められ、満たされていき、種分化の程度も飽和していくことになるだろう。

単純に種数と面積、距離を考えるだけでは、島の生物の種数に明確な関係性が見られないこともある。そのような場合、時間をさかのぼり祖先種の数を想定して計算するのが、島の生物研究の常套となっている。

## 世界は、島の中にある

種数が飽和した原産地で抑圧された生物が、種数の少ない新天地で資源利用の幅を拡大し、その後に地域や資源に応じて独立し種分化が生じる。このメカニズムは島に特有なことではない。これは、地球の生物が何度も経てきた歴史と同じである。

地球の生物は、これまでに多くの破滅的なイベントを経験してきた。三畳紀末や白亜紀末に訪れた巨大隕石の衝突は、世界全体を揺るがした大事件である。繰り返し地球に訪れた氷河期も、同じく世界レベルの事件だ。地域スケールでは、火山噴火や地殻変動など局所的な災害を幾度も経験してきている。

このような大災害を経ると、多くの生物が絶滅する。偶然にもそのイベントを生き残ることのできた生物にとっては、それは種数の少ない島に到達した生物と同じような条件だったろう。飽和した世界の中では整理整頓されていた生物たちも、偶然生き残ったもののみで構成されたアンバランスな生物相の中に放り出される。そこでは、新たにニッチの拡大が生じ、適応放散による種分化を起こし、また長い時間をかけて飽和に向けて進んでいくのだ。

島の生態系は、メインランドと比べると確かに特殊な状況にある。しかし、そこで見られる現象は、メインランドを含む地球全体の生態系に通じるものなのである。島という環境は、生態系が単純化、小スケール化されることによって、そこで生じた現象がより把握しやすくなっている場所といえるのだ。

生物の歴史は、移入と絶滅、拡散と種分化の繰り返しである。島はメインランドと無関係な別世界ではない。すべての生態系の箱庭的存在なのである。

新たなニッチから、また飽和へ向けて……

# 5　動物がときめく島の魔法

## 死亡遊戯

恐怖の椅子取りゲームを考えてみよう。鬼が参加者を次々に食べてしまうルールだ。鬼のおかげで空いた椅子はたくさんできる。そこに自分の子供を座らせるには、参加者間の競争云々以前に、鬼から逃れて生き残る個体がいるかどうかが重要だ。そのためには子供の数を増やすのが一番である。

この世界は、生き残れるかどうかが運次第で決まるというギャンブルの世界なのだ。他個体より多少強かろうが弱かろうが、鬼にとってはドングリの背比べである。少しばかりマッチョな個体でも、偶然鬼に捕まれば食べられてしまう。少しばかりひ弱な個体でも、鬼に見つかりさえしなければ生き

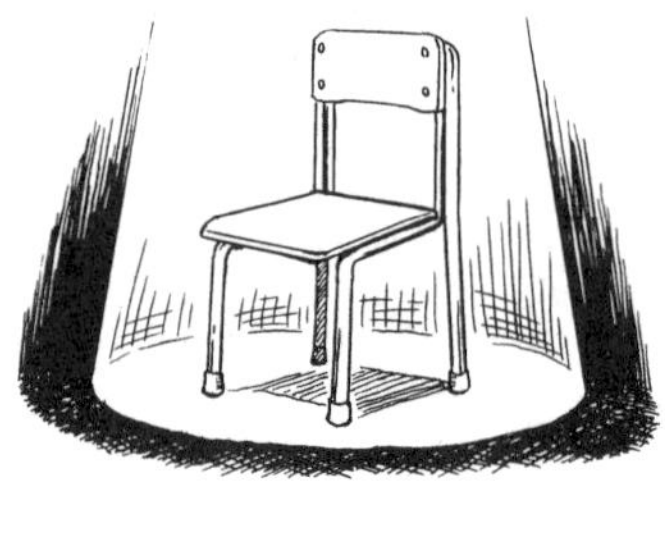

残る。こんな理不尽な世界では、手塩にかけて出来のよい子供を育てるよりも、とにかく人海戦術が功を奏する。

一般に、生態系の中での立場が弱く死と隣り合わせにあるような種ほど、種子や卵の数を増やし、多産多死型になる傾向がある。捕食や環境要因などにより死亡率が高い世界では、生息可能な環境に対して個体数が飽和しにくい。このような状況では、少数精鋭の戦略よりも、下手な鉄砲を数撃つ戦略の方が、結果的に多くの子孫を残しやすいのである。ゴルゴ13やルパン三世が、なにかと女好きなのも、死と隣り合わせにある生活ゆえである。

もちろん、強い子供をたくさん残すことができれば、それに越したことはない。しかし、次世代を生産するにはエネルギーがかかる。極論すれば、少数の強い子を残すか、多数の弱い子を残すか、という選択を迫られるのだ。多産少死型というようなご都合主義は成立しないし、少産多死型は一世代で絶滅してしまいお話にならない。環境に合わせて、生物は少産少死型と多産多死型の間で、落ち着く先を探すことになるのだ。

## 敵の敵が、仲間とは限らない

島に到達した種においては、原産地にいた捕食者や病気から解放され死亡率が下がる。身の安全を保証された自由と放埒の日々が訪れる。すると、捕食者相手に磨きをかけてきた防衛手段も退化していく。タヒチ島やモーレア島のガでは、超音波に対する感受性が低くなっていることが知られている。夜行性のガにとっては、昆虫食のコウモリが襲来時に発する超音波を感知することは、命を左右する重大事だ。しかし、昆虫食のコウモリがいない環境下で、その能力が不要になったのだ。

さらに、常夏の南の島ならいうことはない。強烈な寒波による衰弱とも、食物の枯渇による飢餓とも無縁になる。突然

**超音波**
人間の耳には聞こえない高い周波数の音。

の死とは無縁の、桃源郷のような世界が訪れ、種の繁栄が約束されることになるだろう。

しかし、モモを食べてのんびりしていられるのも束の間である。生物がいるところ競争が起こるのは、ヒーローがいれば宇宙人が襲ってくるのと同じぐらい世の常である。種の繁栄が約束されたからといって、それぞれの個体の幸せにつながるとは限らないのだ。次の敵は、同種他個体である。

今度は、我慢大会型椅子取りゲームの世界である。参加者は、誰かが寿命で死ぬまで、椅子が空くのをじりじりと待ち続けなければならない。

死亡率の低い安定した世界では、少産少子型に傾く。空いた椅子の数が少なければ、少ない椅子を巡って争わなくてはならない。ここでは、弱い子供をたくさん残しても、強い競争相手にやられるだけである。多数のショッカー戦闘員より、まあまあ優秀な怪人一人の方が意味があるのだ。ドングリだって、精密に測定すれば、背の高さに順位がつくことを忘れ

**ショッカー戦闘員**
イーッ！『仮面ライダー』に登場する悪の組織ショッカー所属の戦闘員。世界征服という悲願のために破壊工作をしたり、子供を泣かせたりする。目、鼻、口を出した覆面タイプが知られているが、ベレー帽タイプや顔面ペイントタイプ、赤いのなどバリエーションは多い。白衣を着た科学者タイプの戦闘員もいるのだ。イーッ！

てはならない。

ウグイスは国民に広く親しまれる日本のソウルバードで、全国各地に分布しているが、産卵数は全国均一ではない。本州のウグイスの産卵数が3〜5個であるのに対し、小笠原にいる亜種ハシナガウグイスは2〜4個である。これは、島で少産少死型に進化した例といえよう。

伊豆諸島の固有種であるオカダトカゲは、捕食者であるイタチが生息する大島では卵の数が約9個となるが、イタチが自然分布しない三宅島では約7個となることが知られており、捕食者の存在が卵数に影響する好例となっている。

## 過保護で悪いか

動物の死亡率は、幼少期に高いことが一般的である。未成熟な時代を乗り越え生きて成熟齢に達することができれば、ある程度長生きができる。

このため少数精鋭の世界では、成熟前の死亡率をいかに下げるかが重要な課題となり、それぞれの子供への投資が進化しやすくなる。

子育てをする鳥類の場合は、子供の数が少なければそれぞれのヒナに与える餌の量を多くすることができる。餌量が多ければ早く大きく成長でき、よその家族に先んじて巣立つことで強い競争力が得られ、生存率が上がるだろう。

本州に住むヤマガラやメジロは、巣立ち後のヒナに対して、1〜2週間程度の期間餌やりなどの世話を行う。これに対して、伊豆諸島の三宅島のオーストンヤマガラや、小笠原諸島のメジロ科のメグロでは、巣立ち後に世話をする期間がときには1か月に及ぶ。オーストンヤマガラでは、ヒナが親に餌をねだる仕草も、本州に比べて大げさである。過保護の進化は、島の生物の特徴なのである。

前述の伊豆諸島のオカダトカゲの例では、卵数の少ない三宅島では、卵数の多い大島に比べて卵の大きさが約1・5倍

**オーストン**
＝アラン・オーストン。イギリスの貿易商で博物学者。明治4年に来日した。横浜に住み、海洋生物の標本収集に功績があった。ゴブリンシャークことミツクリザメはオーストンの発見。オーストンガニやオーストンオオアカゲラなど、オーストンに献名された生物も多い。

**メグロ**
スズメ目メジロ科の鳥類。国の天然記念物に指定されている。小笠原諸島の母島周辺にのみ生息する固有種。

になっている。卵の大きさは生まれる個体の大きさに反映され、ここでも各子供への投資が大きくなっている。

## 大は小を兼ねる

島では動物の体サイズも変化する。小型の動物は大型化し、大型の動物は小型化する。この現象は、かなり広い範囲で見られており、ずばり「島嶼化」や「島の法則」と呼ばれる。この法則を唱えた研究者の名前から、フォスターの法則とも呼ばれる。

小型動物が大型化する要因の一つとして、種内競争がある。前述の通り、島では種内競争が強く働く。体が大きい個体の方が、小さい個体よりも競争に強いため、島では大型化が生じやすいというわけである。ジャイアンが有利なのは、のび太やスネ夫より体サイズが大きいためだ。彼が小柄なら、ただの音痴として立場が逆転していたはずだ。

大型化には捕食者の不在も影響する。小型動物が中途半端に大きくなると、捕食者に見つかりやすくなるため、必ずしも利益にならない。しかし捕食者がいなければ、体サイズが大きくなっても捕食圧にさらされないため、純粋に種内競争に専念し大型化できるのだ。ジャイアンは体が大きいため、家ではすぐに母ちゃんに見つかってしまう。彼が土管の上で威張っていられるのは、天敵のいない空き地だからなのだ。

## 小は大を兼ねる

大型の動物は、島で小型化が進む。

カナダ・ブリティッシュコロンビア州の島に住むトナカイやオグロジカ、北極海のウランゲリ島やギリシャのクレタ島から見つかったマンモス、マダガスカル島のカバなど、世界各地の島で大型動物が小型化している例が報告されている。

人間でも、インドネシアのフローレス島で見つかったフロー

**トナカイ**
鯨偶蹄目シカ科の哺乳類。シカ科の中では唯一、オスもメスも角が生える。サンタさんのよき相棒として、有名動物ランキング上位に入る。トナカイはアイヌの言葉が語源。英名はカリブーやレインディア。慣習的に北アメリカのものをカリブー（北米原住民の言葉）と呼ぶ。

レス人は身長1メートル少々しかなく、ジャワ原人から小型化した可能性が高いとされている。

島は狭い。大型の動物にとっては、面積の小ささはそのまま資源量の少なさにつながる。面積が限られた狭い島で種内競争が激化すれば、大きな縄張りを確保するのは難しくなる。小型の個体は大型個体に比べて少ない食物でも生きやすいはずだ。より低いコストで生きられる個体の方が縄張りを確保しやすく、結果的に遺伝子を残しやすくなる。小型の動物にとっては十分な面積の島でも、大型動物にとっては狭すぎるのだ。

また、島では一般に大型の捕食者が欠如している。大きな体を維持することは、捕食者対策として有効な戦略と考えられている。しかし、捕食者不在ならその意義はなくなる。これも小型化に至る要因の一つとされる。

とはいえ、すべての大型種で小型化が進むわけではない。鳥類や爬虫類も含め、確かに小型化している例は多数ある。

**フローレス人**
ホモ・フローレシエンシス。2003年に、約7万～2万年前の地層から発掘された。身長や頭の骨は、小型の猿人やチンパンジーほどの大きさ。

**ジャワ原人**
ホモ・エレクトス・エレクトス。1891年にインドネシアのジャワ島で発見された化石人類。身長は現代人ほど。数十万年の間ジャワ島に隔離され、独自の進化を経てきたと考えられている。以前はピテカントロプスと呼ばれていた。

しかし、それがすべての島で、すべての動物で一般化できるかどうかについては、まだ議論の対象となっているところだ。それでもなお、島において大型動物の小型化が生じる傾向があることは、まちがいない。

## めんどくさい

島の動物では行動にも変化が現れる。その一つに移動性の低下がある。

島に定着するということは、海を越える移動力があったということにほかならない。にもかかわらず、島に到達した種ではしばしば移動性が低下するのだ。島にはさまざまな固有種が進化している。固有性が高いということは、すなわちほかの場所に移動しないということである。

移動性が低下する原因の一つは、島の周囲が海に囲まれていることにあるだろう。陸上動物にとって海は死の世界であり、そこに向かって移動することはあまり賢い選択ではない。移動性が高い個体と低い個体がいたならば、移動性が低い個体の方が、きちんと陸上に定着して生き残れるはずだ。

また限られた陸地の上でも同種他個体がひしめいている。どこに行っても縄張りがぎゅうぎゅうで、入り込む余地がない。そのような状況では、見知らぬ土地に移動するより、地の利のある出生地近くに定着することが利益になるのかもしれない。

島には、身体能力的には飛べるにもかかわらず、移動性の低い鳥たちが存在する。沖縄島北部のやんばるに分布するノグチゲラは、周辺の島では記録がない。奄美大島のルリカケスは、隣の喜界島には分布しない。どちらの鳥も日常的に空を飛んでいるし、隣の島までは約20キロしかない。小笠原のメグロに至っては、5キロ隣の島にも移動しないことが知られている。場合によっては、飛翔性すら捨て去り、飛ばない鳥まで出現する体たらくである。

**ノグチゲラ**
キツツキ目キツツキ科の鳥類。沖縄島北部にのみ生息する固有種。一属一種。焦げ茶色の羽毛のキツツキのなかま。

移動はコストのかかるギャンブルだ。海の向こうは楽園かもしれないが、そうでないかもしれない。出生地に不満がなければ、移動せずにすませた方が確実なのである。

## 体のサイズを決めるもの

さて、ここまでもっともらしく書いてきたわけだが、はたしてこれらのことは本当のことだろうか。研究者と見るとすぐに信用するのは、日本人の悪い癖である。研究者を見たら泥棒と思って通報しろというわけではないが、我々がしばしば法螺(ほら)を吹くのは、ご存知の通りだろう。

確かに、個々の話でいちいち嘘をついているわけではない。しかし、それはあくまでも各論にすぎず、すべての事象を満遍なく説明しているわけではないのだ。

たとえば、小型動物の大型化は、まちがいなく島の生物の特徴の一つだ。しかし、動物の体サイズはほかのさまざまな

**法螺を吹く**
もちろん、海洋生物学者がホラガイを採集し、DNA抽出後に笛を作り、山伏よろしく音楽に興じるという話ではない。若干、真実を隠して話をしてしまう癖のことである。

要因で変化することが知られている。

有名な現象として、ベルグマンの法則と呼ばれるものがある。動物は一般に、暖かい地域に行けば行くほど体のサイズが小さくなる。体が小さい方が冷却効率が高くなるため、暑い場所では小型化しやすいのだ。お風呂と湯呑みを比べると、小さな湯呑みに入れたお湯の方が冷めやすいということを想像してもらえれば、理解しやすいだろう。

では実例を見てみよう。本州のウグイスが15グラム程度あるのに対し、小笠原のハシナガウグイスは、8〜9グラムだ。これはベルグマンの法則によるといえ、島の法則には適合しないものだ。

もし、彼らの体サイズがメインランドより大型化していれば、それ見たことかといわんばかりに島嶼化の例として祭り上げたいところである。しかし、実際には小型化しており、

これは緯度による効果と考えざるを得ない。

食物の量も体サイズに影響する。生息地に食物が潤沢なら、それを利用して大型化し、枯渇していれば省資源でも生きていけるよう小型化するだろう。競争相手の存在も重要だ。一方の種が小型化し、一方の種が大型化することで、利用する食物のサイズを違えて同所的に共存可能になるかもしれない。

ハシナガウグイスの卵数が少ないことは先に説明したとおりだ。これは島の特徴に見える一方で、そうではない可能性もある。鳥類では、暖かいところほど卵数が減少する傾向がある。そのメカニズムについてはまだ十分に解明されていないが、傾向自体は疑いようもなく存在している。そして、ハシナガウグイスの住む小笠原は、本州よりも暖かい亜熱帯地域である。

**湯呑み**
湯呑みで茶を飲み、茶碗で飯を食べるという風習は、日本語を学ぶ外国人の大きな障害となるだろう。湯呑み茶碗に至ってはもうなにがいいたいのかわからない。国際化を進めるなら、小学校で英語を教えるより、素直にお茶碗でお茶を飲んだ方がよかろう。

## ウソツキ

つまり、現実に生じている事象にあわせて、うまく説明できる法則を当てはめて説明してきたわけである。研究者の説明がもっともらしく聞こえるのは当然といえよう。なにしろ、もっともらしく聞こえる説明を選んでいるのだ。我ながらじつに狡猾（こうかつ）な方法である。だからといって、これを非難するのは粋ではない。

生物の進化はじつに多様で、さまざまな要因に左右される。しかし、現代を生きる我々は、その進化の過程を実見することはできない。あくまでも、進化の結果として生じた事象を解釈する機会を与えられているだけなのだ。

そうはいっても、島の生物に島の生物らしい傾向があることはまちがいない事実である。少産少子化、小型種の大型化、大型種の小型化、移動性の低下など、それぞれの法則に説得力を与えてくれる生物が世界各地に実在しているのだ。

それぞれの事実をエレガントに説明できる解釈を見いだし、パターンを蓄積していく。それが、いずれ生物進化の真の理解へとつながるはずである。個々のご都合主義には目をつぶり、大所高所から世界を睥睨（へいげい）してほしい。

# 6　植物がかかる島の病

## 沈めタイヤキ君

動物のことを書いた以上、植物のことも書かざるを得ない。しかし、動物と植物では、生活の基本的なパターンが違いすぎるため、必ずしも同じ法則があてはまるわけではない。

だいたい、植物は変だ。平気で挿し木で増えたり、忽然と2千年前のハスの花が咲いたり、うっかりトマトとポテトで細胞融合したり、そんなの普通に考えておかしい。動物が同じことをやったら、鳥山明先生もビックリである。

とにかく植物には宇宙人的な雰囲気があり、私の理解の範疇を超えている。そもそもメインランドの植物ですら納得尽くで解説する自信がない。そんな心が通じていない相手につ

**トマトとポテトで**
1978年にドイツのメルヒャースらによって細胞融合により作り出された。通称「ポマト」。地上でトマト、地下でジャガイモが採れるが、いずれも小さく実用にはならなかった。細胞融合で交雑育種された植物としては、オレンジとカラタチで「オレタチ」などがある。

いて書くのは信条に反するが、島では動物と同じように独特の傾向も見いだされているので、やむを得ずここで言及しておこう。

移動性の喪失は動物の専売特許ではなく、植物でも認められている。とくに、海流散布型の植物ではその傾向が顕著だ。

海流散布されるためには、海に浮かぶためのフロートが必要である。ときには種子の周りにコルク質を発達させ、ときには空気の入った浮き袋のような構造を発達させる。

島に到達した海流散布植物には、しばしば内陸に生息域を拡大する場合がある。競争相手の少ない島では、空いたニッチを利用し、資源利用の幅が拡大しやすいことは、前述した通りだ。内陸部を生息地とした植物にとって、コルク質や浮き袋を作ることは、耳なし芳一の代わりに馬の耳に念仏を書くのと同じくらい無駄な投資である。

一般にナタマメの仲間は水に浮き海流散布される。しかし、ハワイに分布する５種のナタマメは海に浮かぶことができな

**ナタマメ**
福神漬けに入っている、プラナリアみたいな形をしたヤツである。そういう意味では、割と身近な植物である。

い。また、広域分布するオオハマボウという海浜植物は、種子の回りに空気室があり水に浮くことができる。しかし、小笠原の山地に生える近縁種テリハハマボウは、空気室を消失し浮遊能力が低くなっている。これらは典型的な島の植物といえよう。

## 多機能も、いずれは宝がもち腐れ

クサトベラは、熱帯から亜熱帯に広く分布する植物だ。沖縄でも小笠原でもハワイでも見られる。彼らは海流散布される植物で、種子の周りには水に浮かぶためのコルク質がある。しかし、一部の個体ではコルク質がない種子をつけることが報告されている。コルク質のない種子は、海流散布がされにくいはずだ。

一方でクサトベラには果肉があり、鳥にも好んで食べられて散布される。島に到達してしまえば、彼らは陸上でも十分にやっていける。

この植物は、広域分布種から島の固有種が生まれる進化の途上にあるのだろう。島に内陸に運ばれてしまえばコルク質をもつ意義はなく、むしろエネルギーの損失である。いずれは、完全に水と決別したカナヅチクサトベラが進化するに違いない。実際、ハワイやニューカレドニアなどには、コルク質を消失し海流散布能力を失ったクサトベラの近縁種が分布している。

もちろん、四十日四十夜の雨が世界を水没させることがわかっていれば、そのときのためにフロートを残しておくだろう。しかし、そんな用意周到さと縁のない植物たちには、フロートを退化させることこそが効率よく生き延びる術なのである。もしかしたら、いざとなったらノアに頼めばなんとかなるという、打算もあるのかもしれない。

こうして、動物だけでなく植物も移動する理由を失い、移動する器官を失い、島国根性を研ぎすましていくのである。

**ニューカレドニア**
フランスの海外領土。フランス語ではヌーヴェルカレドニー。カレドニアとはスコットランドのラテン語名である。山岳部の森林には、飛べない鳥カグーがいる。原田知世主演の映画『天国にいちばん近い島』の舞台。

## 見上げればいつもと違う草

キク科の植物は、条件次第で大型化することが知られている。もちろん、ひらかたパークの菊人形の話である。いうまでもないが、ひらパーは関西圏で最も愛されている遊園地であり、かつ日本で最も長い歴史をもつ遊園地だ。

ひらパーとは別に、樹木の種数が少ない島において、キク科の植物は大型化して樹木になることが知られている。草と樹木は、同じ場所で異なる高さを利用する競争相手だ。一般に、樹木の方が大きく生長し、上層部を利用している。キク科の植物は、樹木が少なく上層部に余裕がある環境で、自らが樹木になることで空間をより効率よく利用するように進化していったのだ。

ガラパゴス諸島のスカレシアや、ファンフェルナンデス諸島のデンドロセリス、セントヘレナ島のメラノデンドロンは、

**ひらかたパーク**
通称「ひらパー」。1912年オープンは、タイタニックが沈没した年である。歴史は東京浅草花やしきの方が長いが、花やしきは太平洋戦争時に一度取り壊されているため、間断なく営業をしてきた日本一古い遊園地である。絶叫マシンからスケート場（冬期）、かわいい動物たちまで盛りだくさん。

みな分別なく木に進化したキク科植物である。ハワイのギンケンソウも巨大化したキクだ。彼らは、すでにキクの面影を残していない。キク科だけでなく、ムラサキ科、キキョウ科、トウダイグサ科、セリ科、アブラナ科などでも、木本化の進化が知られている。

草が木になる条件としては、いくつかの理由が考えられている。まずは、熱帯や亜熱帯など季節性が少ないことだ。寒い冬が来ると、ネロが天に召されたように、木に進化する前に枯れてしまう。ほかにも、湿度が高く降水量が多いことや大型の草食者がいないことなど、草本植物にとって死亡率が低い条件が必要と考えられている。

動物でも、小型の種が大型化することはすでに記したとおりだ。草が樹になるという傾向も、これと共通する現象といえるだろう。

スカレシア

## 耐えられる存在の地味さ

島の魔法は、花の形態にまで影響が及ぶ。

まず、島の花は一般的に小さい傾向がある。これは、花粉を媒介するチョウやハチなどに、大型のものが少ないことと関係があるといわれている。大型の昆虫は体が重いので、島に到達する確率が低くなる。小型であれば、風の影響などを受けて島に分布を広げやすいというわけだ。花粉媒介者が小さければ、そのサイズにあわせて小さな花が進化しやすいというのは、納得のいくメカニズムだ。

大きい昆虫の方が大きな翼をもち飛翔力が強いから、海を渡りやすいのではないかと思った方もおられるだろう。私もかつてそう思った。しかし、実際に島に分布する花粉媒介者は小型であることが知られているのだから、どうしようもない。大きくなっても昆虫の域を出ず、それほど飛翔力はないということなのだろう。昆虫の背比べということかもしれない。

また、島では花が地味になることも一般的である。ハワイやニュージーランド、ファンフェルナンデス諸島などでは、白や緑、黄色などの地味な花が優占する。ガラパゴスでは白や黄色が主だ。地味なのは視覚的な側面だけではない。ハワイやニュージーランドでは、花の香りが強くない傾向があるともいわれており、嗅覚的にも地味なのだ。

もちろん、島でも赤やピンクなどの煌(きら)びやかな花や芳香を放つ花もある。確かに、ハワイフトモモは真っ赤な花をつける美しい植物だ。しかし、そのような植物は決して多くはないのである。これは、種間競争が少ないことが原因と考えられる。

島では植物の種数が少ないため、花粉媒介者を巡る競争がそれほど厳しくないのだろう。大きな花弁、美しい色素、馨(かぐわ)しい芳香、ロレックスのデイトナにアルマーニ、身につけるためには少なからず投資が必要となる。競争が激しくなければ投資は最小限でよい。山小屋のビールは売り手市場だ。少しばかりぬるくても、存在するだけで価値があがるだろう。要するに、島の植物は油断しているのである。

## ヘルマフロディトスからの脱却

植物には、オスメスが別の株に分かれている雌雄異株（いしゅ）の種と、オスメスが同じ株に同居する雌雄同株の種がある。たとえ小学校の理科教師が、花には雄しべと雌しべがあると教えても、すべてがすべて同じだとは限らない。なかには、雄しべと雌しべの一方しか機能していない花をつける植物があるのだ。

さて、雌雄同株と異株のどちらが島において有利か、おわかりだろうか。

オスメスが分かれている場合、その両方の個体が少なくと

**ヘルマフロディトス**
ギリシャ神話に登場する、ヘルメスとアフロディーテの子。泉の妖精サルマキスと一体となり、両性具有となった。

**雌雄異株**
身近な植物としては、イチョウやサンショウ、ヒイラギ、キンモクセイ、ヤナギのなかま、ゲッケイジュなど。

も1個体ずつ同じ島にそろわないと、次世代を残すことができない。しかし、雌雄同体であり、しかも自家受粉が可能であれば、1個体が到達するだけで次世代を残すことが可能となる。海を越えて、多数の個体が同じ島に同じ時期に到達するのは、なかなかに難しいだろう。そう考えると、島にはオスメスが分かれていない植物が分布しやすいと想像される。

一方、ハワイや小笠原ではメインランドに比べて雌雄異株の植物が多い。メインランドでは5%以下とされるが、ハワイでは約15%、小笠原でも約10%とされている。たとえば、ハワイのハラや、小笠原のムニンアオガンピ、シマムラサキなどは、雌雄異株の植物である。

雌雄異株であれば、アダムとイブの両方がこぞって島に到達しなくてはならない。確かにそんな偶然もあるかもしれない。ハワイのハラは、海流散布するタコノキ科の植物だ。タコノキの仲間は広く分布しているが、どの地域でも基本的に雌雄異株であることから、雌雄異株の祖先がハワイにも到達したと考えられる。彼らは海流散布される植物であるため、多数の種子が同時的に波に運ばれることで、雌雄異株でも島に進出しやすいのだろう。

しかし、海流散布のように一定のルートで種子が供給され続ける植物でなければ、種子が同時に多数運ばれる確率は低くなると考えられる。そうすると、島に到達後に雌雄同株から雌雄異株が進化する場合が多いと考えるのが自然だ。実際、ムニンアオガンピやシマムラサキでは、メインランドに分布する近縁種は雌雄同株であることが知られている。

雌雄同株の植物は、少ない個体数から数を増やしやすい。しかし、その反面、近親交配が起こりやすくなる。必ずというわけではないが、近親交配が進むと、有害な遺伝子の影響で弱い個体が生じやすくなる。これを近交弱勢と呼ぶ。島という環境では、祖先の個体数が少なく生息域も限られてしまうため、遺伝的に単調になりやすい。つまり、メインランドに比べて近交弱勢が生じるリスクが大きいのである。

このような遺伝的なリスクを下げるには、多様な遺伝子をもつ個体の方が有利となる。このため島では、雌雄同株の植物から異株の種が進化しやすいのだろう。完全な異株だけでなく、進化の途上と考えられる植物も見られる。たとえば、オガサワラボチョウジは、雄しべが長い花をもつ個体と、雌しべが長い花をもつ個体があり、同じタイプの花同士では種子ができない。現時点ではまだ、それぞれ花はオスメス両方の特徴をもっている。彼らは進化の途上にあり、いずれ完全な雌雄異株の植物が進化してくるのかもしれない。

動物であろうが、植物であろうが、島という特殊な環境が与える影響は変わらない。競争者や捕食者が少なく、面積が狭い。島の生物の特徴を見ると、島の特異性が浮き彫りになるのだ。

# 7 フライ、オア、ノットフライ

## さらば空よ

もったいぶるつもりはないので、結論から話そう。島では、飛ばない鳥が進化する。

鳥の特徴はいろいろある。くちばしをもつこと、羽毛をもつこと、ジャンケンでパーしか出せないこと。そして、最大の特徴は空を飛ぶことにある。

くちばしと羽毛の存在は、世界中のすべての鳥に共通する。しかし、飛行に関しては、必ずしもすべての鳥が行うわけではない。最大の特徴と袂を分かった勇気ある鳥がいるのだ。現在、世界中には約1万1千種の鳥類がいる。その中で約60種が飛ばない鳥である。

パーしか出せない。

飛ばない鳥は簡単に捕まってしまうため、人間の影響を受けやすく、多くの種が人間の歴史の中で絶滅してきた。その中にはハト、フクロウ、トキの仲間なども含まれている。代表的なのはアリスもお世話になったドードーや、ジャイアントモアなどだろう。このような絶滅種を含めると、飛ばない鳥は軽く１００種を越えているはずだ。

## 用がなければ飛びません

さて、最多の無飛翔性鳥類を輩出しているエリート集団は、クイナ科である。現生のクイナ科は１３１種いて、そのうち約15％が飛ばない種で占められている。

学術的な記録が比較的よく残っている１６００年以降に限定しても、記録されているクイナのうち島にしかいない種は約60種ある。そのうち、飛翔力がないかまたはほとんど飛ばない種は約６割にのぼる。

**飛ばない鳥**
ダチョウやエミュー、キーウィなどのなかま（古口蓋類）では、南米にいるシギダチョウ類以外の全13種が飛ばない鳥。また、ペンギン科の全19種はみな空を飛ばない。これらが最も有名な飛ばないグループだろう。そのほかにもカモ科５種、カイツブリ科２種、ウ科１種、カグー科１種、クイナ科20種、フクロウオウム科１種などがいる。

**エリート集団**
15％というとワインのアルコール度数と同等で、ビール１杯で真っ赤になる筆者にとってはべらぼうな含有率だ。６割ともなるとワインどころか蒸留酒。ベロンベロンである。

ＤＮＡによる系統解析の結果から、島に住む多くの無飛翔性のクイナは、その祖先が海を越えて到達したと考えられている。つまり、「祖先が飛翔性を失ったため、その後に種分化した子孫がみな飛ばない島になった」というわけではなく、「さまざまな飛べるクイナの祖先がさまざまな島に到達し、それぞれの島で独立して飛翔力を失った」ということだ。クイナの仲間では、飛翔力を失うという進化が各地で何十回も起こったのだ。飛ばないクイナが泳いで世界各地の島に移動する姿は、子供たちを勇気づける絵本にはなるかもしれないが、現実はそんなに甘くないのだ。

日本が誇る飛ばない鳥、沖縄島のヤンバルクイナの例を見てみよう。彼らは、ＤＮＡの分析によるとフィリピンやインドネシアにいるムナオビクイナ、パプアニューギニアのニューブリテンクイナと近縁である。沖縄はこれらの地域と陸続きになっていたわけではないので、飛ばない祖先が歩いて到来したのではない。やはり飛翔性のある祖先が渡来し、沖縄において自力で無飛翔化したと考えられる。

## 小さくて低いのは、お嫌いですか

島のクイナが高い割合で無飛翔性を獲得したことは、ご理解いただけただろう。前述の通り、島では無飛翔性の鳥が進化しやすい。クイナ以外でも、ガラパゴス諸島のガラパゴスコバネウやニュージーランドのフクロウオウムなど、多くの事例がある。

飛ばない鳥の誕生には、島での進化以外にも二つのタイプがある。一つは体の大きな鳥である。アフリカ大陸のダチョウや、オーストラリアのエミュー、南米大陸のレアが代表だろう。体が大きくしかも島の鳥という種も、もちろんいる。すでに絶滅してしまったが、ニュージーランドのジャイアントモアや、マダガスカルのエピオルニスはその例だ。

もう一つのタイプは高地の鳥だ。たとえば、オニオオバン

**フクロウオウム**
オウム目フクロウオウム科の鳥類。英名は現地名でもあるカカポ。夜行性で、するどい嗅覚をもっており、自身も芳香を放つ。

は南米の３６００メートル以上の高地に住む。彼らは子供のときには空が飛べるが、成鳥になると体重が重くなり飛べなくなる。また、ペルーカイツブリはアンデス高原のフニン湖、コバネカイツブリはチチカカ湖など標高３千メートル以上の湖にのみ生息する飛ばない鳥だ。そう、高標高地に住む鳥でも無飛翔性が進化するのだ。

## 無理はしません

島の鳥が飛ばなくなる理由は、とくに説明不要だろう。といいながらも説明しないわけにはいかないからその訳を述べると、地上で襲いかかってくる捕食者が少ないことが最大の理由だ。

海洋島であれば、キツネやイタチなど地上性の捕食者は基本的に分布していない。大陸島であっても、沖縄島などではやはり地上性捕食者となる肉食哺乳類が自然分布しない。資源の少ない狭い島では、生態系の頂点に立つ上位捕食者は絶滅しやすいと考えられ、メインランドから切り離されて長い期間を経た島で姿を見かけないのは納得のいく話である。

体の大きな鳥や高山の鳥が無飛翔性でいられるのも、同じく捕食者が理由であろう。体が大きければ、それだけ捕食者に襲われにくい。足の長いダチョウなどでは走行性能も高く、飛ばずとも捕食者から逃げおおせられる。高山という特殊な環境も捕食の心配の少ない場所だ。標高3千メートルというと、東京ドームを縦に重ねて50個分という高さである。生物の多様性が低く捕食者も少ないのだ。

さて、捕食者の心配をしなくてよい環境では、飛ぶのをやめる鳥が出現する。これはすなわち、鳥というものは心の底ではそれほど飛びたくない、ということを意味しているといえよう。

## 悪魔との契約

鳥のように自由になりたい。高い塔に幽閉された囚われのお姫様たちは、しばしばそう考える。もちろん、ペンギンのように深く潜って魚を捕食したいと思っているわけではなく、飛んで逃げたいのである。飛翔は鳥の特技だが、飛ぶのにもそれ相応の理由がある。

鳥が空を飛ぶ姿はとても自然であるため、まるで負担がないように見えるかもしれない。しかし、重力に逆らって飛ぶ為に必要な負担は、鳥だろうが人間だろうが同じである。なぜならば、鳥も人間も同じ物理法則によって縛られているからだ。

飛ぶためには体を軽くする必要がある。このため、彼らは余分な脂肪を蓄えておきたくない。一方で貯蓄が少ないと、悪天候などで食物が十分に採れないようなときに衰弱しやすくなる。また、軽量化のため骨も中空になっている。通常の生活には十分な強度をもつが、なにかにぶつかったときには骨折しやすいのが欠点だ。

体の軽さは、命と引き換えに悪魔から手に入れた諸刃の剣なのだ。自由に飛べる一見便利な体を維持するのには、一歩間違うと死に直面するほどの大きなコストがかかっているのである。お姫様の皆々様には、飛行能力を羨む前にこのコストと引き換えになることを意識してほしい。

## カウチにポテトで許されて

大きなコストにかかわらず鳥は空を飛ぶ、その最大の理由は捕食者の存在かもしれない。これは、命に直接関わる問題なので致し方ないこととといえよう。しかし、捕食者のいない島の鳥がすべて空を飛ばなくなるというわけではない。ほかにも飛ぶ理由があるはずである。

次に考えられる理由は食物だ。食物が広い地域に散らばって分布していると、移動力が高い方が効率よく採食できるだろう。たとえば、ハトやアトリの仲間は主に種子食者であり、高い移動性能をもつ。種子はある時期にはある地域に豊富にあるが、別の時期にはその場所からはまったくなくなってしまう不安定な資源だ。台風などの気象害でイレギュラーに枯渇することもある。このような環境では、種子食者にとっては無飛翔性になるリスクは大きく、飛翔性を維持しやすいと考えられる。

樹上にある果実や、やはり木の上にいるアオムシなどを食べるのであれば、飛翔力は不可欠だ。また、昆虫や爬虫類など、冬に枯渇する食物を利用しているならば、渡りをするために飛ばなくてはなるまい。

クイナの仲間は、主に土壌動物を食べる地上採食性である。彼らは飛ばなくても食物を得られるし、熱帯から亜熱帯であれば一年中資源が枯渇することもない。このことが、クイナ類で無飛翔性が多産される要因の一つだろう。

ダチョウやキーウィなどを含む古口蓋類やカグーも、土壌動物や落ちた種子などを食物とする地上採食性の鳥である。また、カモやカイツブリ、ウ、ペンギンなどは水面や水中で採食するため、こちらも飛翔せずとも問題ない。飛ばなくても一年中食物を得られることが、無飛翔性の条件である。

## 鳥類肉体改造計画

無飛翔性の鳥類には形態的な特徴がある。最も大きな特徴は、竜骨突起の小型化である。竜骨突起とは胸骨の一部で、前に張り出した板状の突起で、胸筋が付着する部位だ。胸筋は翼を動かすために使用する筋肉で、普段胸肉として市場に出回っている。竜骨突起は、この筋肉の運動を支えている。

鳥の胸筋は体に比して巨大である。種にもよるが、体重の1～3割ぐらいを占めている。これだけの筋肉を作り上げ維

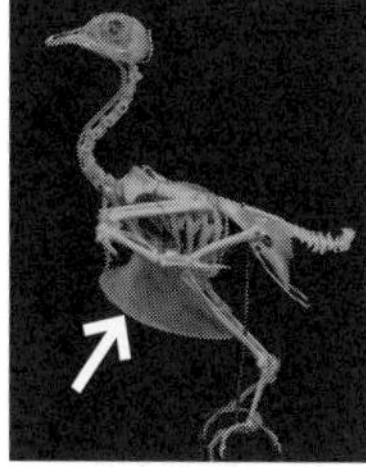

**竜骨突起**
焼き鳥屋で食べる薬研軟骨は、若鶏の胸骨の末端である。その断面をよく見るとベンツマークのように三方に分かれているが、二方が胸骨の底面、一方が竜骨突起である。鳥が若いときは胸骨の末端は軟骨だが、成長につれ硬い骨に置き換わっていくのだ。

持するのには、相応のエネルギーが必要になる。飛翔しないのであれば、そのコストを削減することができるのだ。このため、無飛翔性の鳥は胸筋の付着部となる竜骨突起が小型化し、胸筋が減少する。ダチョウやエミューなどでは、この突起が完全に消失している。

もちろん、必要のなくなった翼も小型化していく。無飛翔性の鳥では、とくに肘から先の部分が短くなるのが特徴だ。ここは、飛ぶための羽毛である風切羽が付着する部分である。翼の面積を稼ぐため伸長されていた部分なので、飛ばなくなると退化しやすいのだ。キーウィに至っては、翼全体が痕跡的にしか残っておらず、外から見るとどこに翼があったのかがわからないほどだ。翼なんてただの飾りなのである。

ただし、翼を飛ぶ以外の用途に転用する場合もある。ペンギンなど翼で泳ぐ鳥はその代表だ。南米に住むレアは走行時に翼に風をはらんで加速したり方向転換したりする。ジャマイカで化石として見つかったクセニシビスという飛べないトキは、翼の骨が棍棒のように肥大化しており、これを武器に戦ったのではないかともいわれる。

なお、クイナやカモの仲間では無飛翔性の鳥が進化しやすい。アラン・フェドゥーシアという鳥類学者は、これらのグループでは成長段階で翼より先に足が発達するため、幼形成熟により無飛翔化が生じている可能性を提案している。幼形成熟とは、幼体の性質を残したまま成熟個体になる現象であり、足だけが発達した段階の形態で成熟すれば、翼が小さく無飛翔性になりやすいというわけだ。この説はまだ十分な証拠をもって実証されているわけではないが、非常に興味深い説といえよう。

## 念のため、鳥以外も見ておくか

島で無飛翔性が進化する例は、鳥だけではない。昆虫でも多くの種が無飛翔化している。かのダーウィンも、マデイラ諸島では無飛翔性のオサムシやコガネムシ、ゾウムシなどの昆虫が多産することに注目している。ハワイでは、飛翔力のないアシナガバエが多数知られているし、ニュージーランドのキャンベル島の飛ばないガやハチ、マスカリン諸島のハエなど、多くの島で無飛翔性の昆虫が多数記録されている。

ダーウィンは、島にいる昆虫は飛ぶと風により海に飛ばされやすく、飛ばない方が生存に有利になるのではないかとも述べている。しかし、無飛翔性の昆虫の多くが、海辺ではなく森林などに生息しており、メリー・ポピンズ効果が無飛翔化の引き金になったとは考えにくい。

一方で、島での昆虫の無飛翔化には異論も出されている。昆虫の無飛翔化は島に特有なものではなく、メインランドでも多数生じているというのだ。とくに標高の高い場所や高緯度地域では、無飛翔性の昆虫の割合が高いことが示されている。つまり、島で無飛翔化が生じているのは事実だが、同じようにメインランドでも生じており島の特徴ではない、ということだ。

昆虫の無飛翔化は、環境が均質で安定したところで生じやすいとされている。環境が不均質で不安定な場所では、長距離分散して代替となる生息地を見つけられる個体が生き残りやすい。逆にそうでない場所であれば、翅を作るコストを削減した方がよいというわけだ。

アシナガバエの例では、世界に分布する無飛翔性の種12種のうち75%がハワイ産であるとされている。これを見ると、確かにこのグループでは島で無飛翔性が進化しやすいといえるだろう。しかし、昆虫全体を見渡すと、島でとくに無飛翔性昆虫が多いということはないのかもしれない。

昆虫の場合を考えると、島と無飛翔性のコラボは一般性の高い法則ではなさそうだ。これは、昆虫の主な捕食者が大型昆虫やクモ、鳥類など、島にも分布できる動物であることによると考えてよいだろう。

ついでながら、コウモリでは島に限らず無飛翔性の種が進

地上性に進化すると行動が制約されてしまう。

化していないことは、興味深い点である。鳥や昆虫に比べて、コウモリは地上性能が高くない。このため、地上に特化することは行動上の制約が大きく、地上性にはなりづらいものと考えられる。

島で飛ばない昆虫を見ると、ついつい島の独特の進化のように思い込んでしまう。しかし、島の特徴を見つけたい時は、メインランドと比較しなくてはならない。そうでないと、盲信的な島嶼原理主義者になってしまい、説得力を失ってしまうということを自戒しておきたい。

島で飛ばなくなるという進化は、結局のところ鳥に独特のものなのだ。そう、私は鳥類原理主義者だ。

# 8　だって海鳥ですもの

## 海鳥は島の環境を愛している

島の生物相の特殊性は、メインランドに分布する種がいないことによるものと、声高に主張してきた。捕食者不足、競争者不足、面積不足など、ナイナイヅクシこそ島の特徴と思ってしまったとしたら、それは私の責任である。しかし、これは話の展開上の演出に過ぎない。

ついに、その欺瞞から解放される時が来た。逆にメインランドに不足し、島に特異的に存在するグループがいる。それは、海鳥である。

島に海鳥がいるのは、単に海に囲まれているという立地条件によるものと見えるかもしれない。しかし実際には、島のもつ特殊な生態系が海鳥の存在を許しているのである。その証拠に、海に囲まれている日本のメインランドで海鳥が繁殖しているところはごくわずかだ。

多くの海鳥が、地上または地中で繁殖を行う。アホウドリやカツオドリ、カモメの仲間などは、主に地上に巣を構えるグループだ。ミズナギドリやウミスズメの仲間は、地中に穴を掘りその中に卵を産む。

大地というのは莫大に存在する資源だといえる。しかも長期間安定しており、安全に利用しやすい基質である。海鳥は体の構造上、概して小回りが利かないものが多い。ミズナギドリの仲間は滑空に適応して翼が長いので、障害物の多い場所で羽ばたくのには向いていない。ウミスズメの仲間は潜水に適応して体が重く翼が短いので、やはり空や陸での機動性が低い。そんな彼らにとって、地上や地中は格好の営巣地なのである。

一方で、地上はリスクも大きい。キツネやイタチなどの捕食者にとって、地上にある鳥の巣は、血縁関係のある親子丼を提供してくれるランチハウスに過ぎない。シカなどの大型植食者は、大地を蹴散らす無頓着な攪乱者（かくらんしゃ）となる。このため、地上性哺乳類がいる場所では、海鳥は安心して繁殖することができないのである。

　確かに、メインランドでも地上営巣する鳥はいる。しかし、彼らは巣の防衛のため細心の注意を払っている。キジの仲間は草むらの中に巣を作り、その場所を悟らせない。コアジサシの卵とヒナは営巣地の砂地に擬態し、息をひそめながら育つ。ヨタカは、褐色の体でプレデターのように背景に溶け込みひっそりと卵を抱く。

　しかし、海鳥の多くは体が大きく、巣を構えていると目立ってしまう。しかも集団営巣するため、その目立ち方は尋常ではない。ついでに、魚食性の海鳥の体は、食物由来の脂質が酸化した独特のにおいを発する。視覚的にも嗅覚的にも、捕食者に見つかりやすいのである。このため、肉食哺乳類の

**血縁関係のある親子丼**
我々人間が食す親子丼は、鶏肉は鶏肉生産者、鶏卵は鶏卵生産者の元から提供されるため、ほとんどが血縁関係がない。

**プレデター**
１９８７年上映のＳＦ映画『プレデター』に登場する地球外知的生命体。強い生物を狩ることを目的としている。光学迷彩により、姿を見えなくすることができる。捕食者の意。

いるメインランドでの繁殖は大きなリスクを伴うのだ。

そんな海鳥にとって、陸生哺乳類が欠如した島という環境は、格好の繁殖地となるのである。どんなに地上でくつろいでいても、ライオンやモンゴリアン・デスワームに襲われる心配はないのだ。

ただし、メインランドでも高緯度地域は、カモやシギ、ツル、カモメなど地上営巣する水鳥の繁殖地が多い傾向にある。これに対して、熱帯や亜熱帯では海鳥の主要な繁殖地は島に偏っている。極地に近い場所は、相対的に環境が厳しく捕食者の多様性が低いこともその一因かもしれない。なにしろ低緯度地域では、海鳥にとっての島の存在感がことさら際立つのである。

**モンゴリアン・デスワーム** ゴビ砂漠に住むという未確認生物（UMA）。毒をはき、火花を飛ばす。

## 食事は外ですまします

海鳥が島を利用するにあたり、好材料がもう一つある。それは、彼らにとっての島が単なる巣の置き場所に過ぎないことだ。陸上生物はその性質上、生活を陸地に依存するため、陸上で食物や配偶者、共生相手などを見つける必要がある。しかし、海鳥はその限りではない。

彼らのレストランは島の周囲に広がる海である。そこには、食物となるプランクトンや魚、イカ、甲殻類、人魚などがひしめいている。彼らは陸上への依存度が低いため、営巣地に求める条件は厳しくない。植物も土もなく岩だらけの島でも、海鳥は繁殖できるのだ。

一方で、海鳥には森林で繁殖する種もいる。一般的には、海岸部にある草原などの開放地や、南極の氷上が海鳥の繁殖地としてイメージされているだろう。しかし、島に行くと必ずしもそれがすべてではないことがわかる。

伊豆諸島の御蔵島(みくらじま)ではオオミズナギドリが、火山列島の南硫黄島ではシロハラミズナギドリが、森林内で所狭しと地中営巣しており、調査中に踏みそうになる。ニュ

地上を旅する者にとって、
おそろしい存在。

ージーランドのキガシラペンギンは、海からほど近い森林内に居を構える。森林性海鳥には蔓植物にからまって儚く命を散らす個体や、木の枝にぶつかって狼狽える個体もいるが、開放地だけでなく森林も海鳥の営巣候補地なのである。

標高を見ても、海鳥の生息可能エリアは広大だ。南硫黄島の標高８００メートル以上の森林は、世界で唯一のクロウミツバメの繁殖地である。彼らは夜に光に寄ってくる性質があるため、ライトをつけて調査しているとビシバシと体当たりしてくる。最初は嬉しいのだが、途中からうんざりしてくるのが玉に瑕だ。

ハワイ諸島のマウイ島では、ハワイシロハラミズナギドリが標高２千〜３千メートルにある岩石地帯を最大の繁殖地として利用している。島という狭いエリアでは、たとえ高い山の頂上部であっても、海まで簡単にアプローチできる場所なのである。

海鳥は、地上性捕食者のいる場所では安心して繁殖するこ

**ハワイシロハラミズナギドリ**
ミズナギドリ目ミズナギドリ科の鳥類。ちなみにハワイシロハラミズナギドリの繁殖地は『２００１年宇宙の旅』のロケ地としても知られている場所なので、その異世界感は一見の価値がある。

とができない。その一方で地上での安全さえ確保されれば、岩場も、草原も、森林も、高標高地も含め、多様な環境を余すところなく利用することができる。彼らは、メインランドにはいないが、島においては多様な環境に出現することが許された、非常に特異的なパーツなのである。

## ワンフォーオール、オールフォーワン

島では多くの海鳥が集団繁殖を行う。

御蔵島で繁殖するオオミズナギドリは、80万羽を越えると推定されている。北西ハワイ諸島のミッドウェー環礁で繁殖する海鳥はコアホウドリやシロハラミズナギドリ、セグロアジサシなど14種、総計50万羽にもなるといわれている。青森県の蕪島(かぶしま)のウミネコは、わずか2ヘクタールに3万羽を数える。みな、非常に高密度で営巣するのだ。

彼らが集団になるのには、さまざまな意味があるだろう。

繁殖地には陸生哺乳類は自然分布していないが、ワシやタカなどの捕食者は飛来する。集団になっていると、捕食者に自分が襲われる確率が減少する。いわゆる「薄めの効果」と呼ばれるものだ。

海に分布する食物を探すのにも、集団化は利益があるだろう。彼らの食物となる魚やプランクトンなどは、特定の海域に局地的に豊富にあるため、個々に探すよりも他個体と連携した方が効率がよい。たとえば、ほかの個体に追随することにより、食物の豊富な場所に無駄なく到達することができるかもしれない。

そもそも、他個体が繁殖している場所は、都合のよい条件が揃った場所である可能性が高い。風向きや地面の安定性、波の影響など、繁殖の成功に影響を与える要因に問題がないからこそ、そこに営巣しているはずだからだ。一方で、ほかの個体が近くで営巣していても、あまりデメリットにならない。陸鳥であれば、巣の周辺にある食物を独り占めする必要もあるかもしれない。しかし、海鳥の食事は巣から離れて行われるため、縄張りを守る必要性が低いのだ。

海鳥の集団繁殖の背景には、メリットが多くデメリットが少ないという条件が隠れているのだ。

## ぜんぶ、海鳥のせいだ

これまでに個別のセクションで紹介してきたように、海鳥は生態系の中でさまざまな機能を発揮している。そしてその重要性は、集団で繁殖することによって担保されている。密度が高いということは、単独で繁殖する場合に比べて影響が大きくなることを意味している。個々の海鳥の力はたいしたことないが、数千、数万の個体数でよってたかって機能を発揮するのである。島の特殊な条件が海鳥を誘引し、海鳥の存在がさらに島の環境を特殊化していく、海鳥スパイラルの完成だ。

アホウドリやミズナギドリ、ペンギンなどは、地上をよく歩きまわり、植物を踏みつけて生長を阻害する。とくに地中に穴を掘って営巣するミズナギドリの影響は大きく、ペンペングサも生えない裸地となっている繁殖地も珍しくない。

長距離を移動する海鳥は、体に種子をくっつけて島間を移動し、植物相の構成に影響する。遠く海に隔てられている海鳥繁殖地において、同じ種が分布することも珍しくない。ミズナギドリやアジサシの羽毛に果実が粘着するトゲミウドノキは、インド洋から太平洋の島に広範囲に分布している。

海鳥の糞に含まれるリンや窒素は、植物の栄養として重要な役割を果たす。海鳥繁殖地内では踏圧（とうあつ）により植物の生長が阻害されるが、繁殖地の周囲では栄養供給はあるが踏圧が低いため、植物の生長がよくなる例が知られている。

捕食者の食物となることも、海鳥の重要な機能の一つだ。前述の通り、集団繁殖することにより、個体レベルでは捕食率を下げることができる。一方で、集団としては一定の割合

**植物の栄養**
植物の生長に欠かせない要素として窒素（N）、リン酸（P）、カリウム（K）がある。肥料の3大要素ともいわれる。

で確実に捕食される。海に近い崖地に繁殖するハヤブサにとっては、集団繁殖する海鳥は恰好の食物となる。ハヤブサは、ときには海上で鳥を捕食することもあり、クラーケンとともに海鳥に恐れられている存在だ。ミズナギドリの仲間は繁殖地では夜間に活動するが、これは昼行性の捕食者であるタカやハヤブサの回避が主な由縁と考えられている。

陸生のカニやヤドカリは海鳥の卵やヒナの捕食者であり、死体の分解者である。私も、オオカクレイワガニがアナドリという海鳥の卵を抱えてスタコラサッサと逃げていく姿に出会ったことがある。海鳥の繁殖地では、その個体数に応じて悲運な死体も生産される。肉食者や分解者が、食物が枯渇しやすい島という環境で世代を重ねるためには、安定供給される食物が必要であり、海鳥は無脊椎動物の生活を支える資源ともなっているのだ。

特殊な環境を作ることも海鳥の役割かもしれない。小笠原諸島での調査により、オナガミズナギドリの巣の中に、ヒロ

**クラーケン**
北欧に伝承される巨大な海の怪物。巨大なイカやタコとして描かれることが多い。

スタコラサッサと逃げるオオカクレイワガニ。

ズコガというガの幼虫が多数住んでいることがわかった。オナガミズナギドリは乾燥した草地に穴を掘り、地中営巣する。巣の中には直射日光があたらないため、温湿度が安定した住みよい環境となっているのだろう。幼虫は、ミノムシのように筒状のケースの中に隠れ、ときどき顔を出しては鳥の羽毛や糞などを食べているようだ。巣内には、ほかにもダニやワラジムシなどさまざまな小動物が住む。海鳥の巣穴は、草原などの乾燥した世界の小さなオアシスとなっているのだ。

それぞれの巣は小さく、その巣が生み出す環境も微々たるものである。しかし、数千の巣があれば、ほかの生物が依存するに足るだけの十分な量の環境を創出することが可能となるのだ。

## 愛があるから大丈夫

島は、海鳥にとって快適な場所である。そして、海鳥はときには島全体を包み込むほどに集団化し、じつにさまざまな形で島の生態系に影響を与える。

カモメにしろミズナギドリにしろ、海鳥はみんな似たような地味な白黒の色をしており、正直なところあまり人気がない。おかげさまで、名前のつけ方もいいかげんである。全身真っ黒なのに、脚だけに注目してクロアシアホウドリなどと命名する。ミズナギドリなんてたいがい背中が黒く腹が白いのに、セグロミズナギドリやシロハラミズナギドリなどという名前がまかり通る。要するに、みんな海鳥を軽んじているのだ。

これは、メインランドに生活する多くの人にとって、海鳥が身近な存在ではないことの裏返しでもある。思う存分ないがしろにするがよい。それこそが、海鳥が島における特異的存在であることを象徴している。メインランドに見切りをつけた海鳥にとって、この扱いは勲章ともいえよう。

海鳥は島を愛している。そして、島は海鳥でできている。

相思相愛なのだ。大海原を悠然と飛ぶ海鳥を見たら、彼らが人の通わぬ島で繁殖していることを思い出してほしい。海鳥こそ、島の生態系の象徴なのである。

類稀（たぐいまれ）なる偶然に恵まれ、メインランドから島に客人がやってくる。隔離と小面積という島のアイデンティティに端を発し、有象無象たちはユニークな進化を遂げ、独特の生物相を形作る。できあがった特殊な生物相は、住民たちをさらなる進化のステージに導く。

移入と絶滅を繰り返し、島の生物相は常に変化しながら生物進化のゆりかごとなる。島のルールはただ一つ。海という大きなハードルを越えること。それさえできれば後は自由に進化し放題だ。

何十万年も何百万年も、島の生物はそのルールを守ってきた。しかし、そのルールを破るものが出現した。

グリーンアノール
小笠原・母島

# 第4章 島から生物が絶滅する

島は進化と絶滅の実験場である。これは島の生物学を学ぶ者が、最初に叩き込まれることだ。絶滅も島の構成要素の一つであることはまちがいない。自然のイベントとして、島では生物が絶滅を繰り返す。しかし最近になり、絶滅に到達する速度が加速している。その原因はいうまでもなく人間だ。島の生物を扱う上で、人為的攪乱の話題は避けては通れない。

# 1 楽園の落日

## 袋の固有種

一番ガンダムをうまく使えたばかりに戦火に巻き込まれ、二足歩行で栄華を誇ったために肩凝りと腰痛に悩まされる。最高の魅力が長じて最悪の災いを成すことは珍しくない。この理不尽は島をも苦しめている。島の特性を育んできた要素が、一方で最大の弱点となっている。

島は海に囲まれ、サイズが小さく、捕食者や競争者が少ないという特徴をもつことを、口内炎ができるくらい繰り返し述べてきた。これらが腰痛の原因である。

海という障壁は生物の侵入を阻(はば)み、進化のゆりかごを守る衛兵として機能してきた。しかしこの障壁は、生物を鳥かごに幽閉し、逃亡先を奪う結界ともなっている。モンゴルでチンギス・カンになったとも伝説される源義経が、逃亡先としてハワイを選ばなかったのは、その先が袋小路だからに相違ない。島にはその先がないのだ。

島での進化は、移動性の低下を推奨する方向に進んでいる。そのおかげで、島の生物は危機に脅かされたときに逃げ場を失う。進化の時間が長く、島での特性を研ぎすましているほど、偉大なる海を前になす術がない。袋小路ともいえる島において、生物たちは古来、何度も危機を経験してきた。

災害列島とも呼ばれる日本にいれば、噴火、津波、土砂崩れなど、自然がもつ驚異的な力は身をもって学んでいる。メインランドならまだしも、島という閉鎖世界にこれが生じれば、そのインパクトの大きさは想像に難くない。ここに、小ささというもう一つの要素が相乗的に影響を及ぼしてくる。

サイズが小さく面積が限られているということは、なにかが生じたときに、その影響が全域に到達しやすいということ

**チンギス・カン**
モンゴルの英雄。多数の部族に分かれていたモンゴルを統一、中国から東ヨーロッパまで勢力範囲を広げた。ちなみにジンギスカン料理はモンゴルでよく食べられるヒツジ肉を使いはするが、本来のモンゴル料理とはかけ離れている。

**源義経＝チンギス・カン説**
水戸黄門こと水戸光圀、新井白石、フィリップ・フランツ・フォン・シーボルトなど、そうそうたる面々がこの説に興味を示していたようである。

だ。プールにトウガラシを1本入れても、影響範囲は部分的で犠牲者は限られるが、目薬に入れるとその影響は即座に全体に行き渡り大惨事を引き起こす。メインランドに比べるとハムスターのヒタイほどしかない島の陸地では、同じインパクトが生じてもその結果の意味がまったく異なるのだ。もちろん、悪い方向に、である。

2013年から始まった西之島の噴火により溶岩が広がった面積は、2023年春で約4平方キロだ。静岡県の遊園地ぐりんぱよりも小さい。しかし、被害を被った元の西之島はさらに小さく、わずか0・3平方キロ、今はなきとしまえん並みの面積だ。おかげで、この島の生物相はほぼ壊滅した。仮にぐりんぱが壊滅しても、本州の生態系に大きな影響はないだろうが、小さな島ではそうはいかないのだ。

もちろん、大きな島では影響は相対的に軽微になる。マウナロア火山、キラウエア火山の二つの活火山を擁するハワイ島は、1万平方キロの面積をもつ。溶岩流の影響面積は数千平方キロに及ぶが、島に住む多くの固有種たちは悠々と個体群を維持している。面積が小さければ小さいほど、島の生物相は危機にさらされやすいのである。

## 一等地は誰の手に

自然災害には不可避の側面があり、運命と受け入れざるを得ない。場合によっては、自然災害が進化を促進する原動力となることもあるだろう。しかし一方で、人為的な影響が島に大きな影響を与えていることは忘れたくても忘れられない。むしろ、こちらの方がより多くの島で問題を引き起こしている。

古典的な問題は、開発による生息地の破壊である。とくに、標高が低く平らな島での影響は大きい。たとえば沖縄県の宮古島は、面積約１６０平方キロに対し、最高標高は１１５メートルしかない平らな島だ。ここは、ピンザアブ洞人と呼ばれる約2万6千年前の人骨も確認されており、古くからの入植の歴史をもつ。その陸地のほとんどは開発されており、現在まで残る森林面積は1割にも満たない。平らな島では国内外を問わず似たような状況が見られる。

平地は、人間にとって資源価値が高い場所である。淡水が得られると同時に、海にも面する低地の平地はとくに価値が高い。これはメインランドも含み世界各地で見られる傾向で、四大文明が生まれた場所からも理解できる。日本国内を見回しても、海辺の平野部において都市が発達することは、岐阜県民でさえも認めざるを得ない事実だ。

同時に平地は、野生生物にとっても価値が高い場所である。平らな場所は傾斜地に比べて土壌が厚く溜まりやすいため、肥沃な大地を有する。物理的な安定性も高く、大雨などの攪乱があっても地面が崩れたりしづらいはずだ。このような場所では多様な植物が生育し、また生長もよくなり、複雑な構造をもつ森林が発達しやすい。構造が発達した森林は多くの動植物を維持でき、さらに多様性の高い生態系へと導かれる。日常生活をしていると、自然度の高い場所は身近な平地よりもむしろ深山奥山（みやまおくやま）にあるというイメージがあろう。しかしこれは、山の上ほど多様な生物相が発達しやすい、ということを意味するわけではない。開発の手の届きにくい山地にのみ自然度の高い場所が残され、多様性が高かったはずの平地はすでにその価値を遥か昔に奪われていると考えるべきだろう。

とくに面積が狭い島という環境では、まず平地という資源が人間によって速やかに消費される。グーグルアースで世界各地を見てみれば、まず低標高地から開発され、山地にのみ森林が残されている姿を見られるだろう。島の生物にとって資源を巡る最大の競争相手は人間であり、野生生物は世界中でこの競争に敗北を喫しているのだ。

## 弱者の楽園

人間は生息地の破壊だけではなく、直接的な捕獲者となって、島の生物を絶滅に追い込んできた。食物として狩猟されたマダガスカルのエピオルニスやニュージーランドのジャイアントモア、とくに飛べない鳥を中心に悲劇は繰り返されてきている。しかし、島の生物の敵は人間そのものだけではない。人間が持ち込んだ生物たちが猛威を振るう事例も後を絶たない。

海という障壁は外界の猛者たちの侵入を阻んできた。しかし人間は、船という画期的な道具で海を越える術を身につけた。ポリネシアやミクロネシアの島々には、紀元

ポリネシア人と一緒に
やってきた。

前3500年頃から入植が始まり、紀元前1000年頃までにオセアニア諸国に達している。生物が単体で島に移動する場合に比べ、船はべらぼうに多量の物資を持ち込める。ときには意図的に、ときには非意図的に、単体では海を越えられない生物が島に持ち込まれることとなったのだ。

意図的にブタやヤギが島に持ち込まれ放されることは珍しくない。ポリネシア人は食用にナンヨウネズミをわざわざ持ち込むこともあったとされている。また、ニューギニアからハワイ、マルケサス諸島まで広く分布するリピニアトカゲ類のDNAを分析した研究では、人間が西から東に分布を広げた年代とトカゲが分布を広げた年代が一致することが示されている。これは、トカゲがポリネシア人の船をヒッチハイクしたものと考えられている。なにしろ、船の移動は島への生物の移動を加速したのだ。

外来生物は、島の悲劇に加担する。島に入植した人間の手が直接に届く範囲は限られている。しかし随伴した生物は、人間の手を離れて分布を拡大する。植物は鳥や風に運ばれ、山にも他島にも到達する。ネコもネズミも陸続きであればどこまでも分布を広げられる。そこには、警戒心のない動物や、防御機構の発達していない植物があふれている。

　競争者も捕食者も少ないことが島の生物相の特徴であり、これが島としての独特の進化を促してきた。しかし、これは競争者や捕食者に対する抵抗性の低さの証明でもある。その脆弱（ぜいじゃく）さは伊達ではない。数十万年、数百万年かけて油断を研ぎすましてきた生物たちだ。彼らにとって、絶滅することなど造作もないのだ。

　国際自然保護連合ＩＵＣＮが発表しているレッドリストには、４万種以上が絶滅危惧種として掲載され、９００種以上の絶滅種が挙げられている。その絶滅種の80％が島の生物だという事実がある。島の面積が世界の陸地面積の５％しかないことを考えると、島の生物の脆弱さがよくわかる。島は進化の舞台であると同時に、絶滅への崖の縁でもあるのだ。

## 知らぬ間の惨劇

　太平洋諸島の遺跡などから出土する鳥類の古代骨の研究から、過去の絶滅の様相が解明されてきている。ハワイ諸島では、文献的記録の残る過去200年ほどの間に、20～25種程度の固有の陸鳥が絶滅したことが知られている。しかし遺跡資料からは、先史時代にポリネシア人が到達したことで、さらに60種の固有の陸鳥が絶滅していたことがわかっている。この中には、飛べないトキやカモ、クイナなどが含まれる。ハワイに人が住み始めた時期については諸説あるが、近代の記録以前に、多数の固有種が絶滅していたことはまちがいない。

　ニュージーランドでも、少なくとも44種の固有陸鳥が先史人類により絶滅している。海鳥についても同様に多数が絶滅した。メラネシア、ポリネシア、ミクロネシアの多くの島々でも鳥が絶滅してきた。とくに、各地で無飛翔化が生じていたクイナの仲間では、多くの犠牲が出たと考えられている。

太平洋の島々では、人間の入植により約2千種の固有鳥類が絶滅したと見積もられている。現在世界に認められている鳥の種数が約1万1千種であることを考えると、島における絶滅種の割合の高さが窺われる。島への人類の分布拡大は、大量絶滅を引き起こした大きなイベントなのである。

## 残されざりし楽園

島の生物相は貧弱で種数が少ないことを述べてきたが、これはあくまでも近代の歴史記録に残されている生物相の話だ。先史時代の記録を考慮に入れると、これは必ずしもあてはまらない可能性がある。

現代の我々が直接に記録してきた近代以降の島の鳥類相は、すでに人間の影響を十分に受け脆弱な種が滅び去り、数少ない生き残りで構成されたものかもしれない。人間の影響以前の姿は、多様性に満ち予想以上に多くの種数を維持していた可能性も否定できないのだ。より多数の人間が影響を及ぼしてきたメインランドでも同じことはいえるため、島の相対的な立場は変わらない。しかし、把握される絶対値は異なるかもしれない。

ガラパゴス諸島は、しばしば島の生物の進化と多様性の宝庫と目されている。だからといって、ここがほかの地域に比べてとくに素晴らしい進化の舞台となったと考えるのは、いささか不公平だろう。先に書いたとおり、太平洋に散らばる多くの島々には、紀元前から人間の分布拡大が始まっており、最果ての地であるイースター島ですら紀元5世紀頃までに人類が到達しているとされる。対するガラパゴス諸島が発見され利用され始めたのは16世紀、本格的に人が住み始めたのは19世紀になってからだ。

多くの太平洋の島々とガラパゴスの間には、入植のタイム

**イースター島**
チリ領の島。現地名はラパ・ヌイ。正式な名はパスクア島。パスクアはスペイン語で、復活祭＝イースターの意。巨大な石の像モアイで有名。モアイは800年にわたり作られてきたといわれている。

ラグがあるのだ。ガラパゴスは入植が遅かったおかげで絶滅の到来が遅れ、現代人もその生物相のもつ進化的価値を目の当たりにできるのだと推測される。その上で先史時代に生じた初期の絶滅を考えると、ほかの太平洋の島々も同様の価値をもっていた可能性は十分にある。すでに絶滅したハイアイアイ群島の鼻行類のことを考えると、十分にあり得る話だ。

だからといって、ガラパゴスの生物たちが遂げた進化の価値が否定されるわけではない。むしろ、特殊性の代表のように見られているその姿が、じつは一般性を示した最後の灯火と考えることで、その価値を再評価したいところだ。

残念ながら、私たちが見ている島の姿は数千年にわたる人間の影響を受けてきた残骸ともいえる姿だ。私たちは、すでに断片かもしれないその姿からですら多くの興味深い事象を学ぶことができ、その輝きが廃れることはない。大切なことは、それが完全な姿ではないことを常に心に留め置くことだ。そうでないと、島の生態系の真の姿を見誤ってしまうことだ

**鼻行類**
鼻行目の哺乳類。ハナアルキ。1961年発行のハラルト・シュテュンプケ著『鼻行類』によって明らかにされた生物群。ハイアイアイ群島において、独自の進化を遂げた。鼻で体を支えるのが特徴で、昆虫などを食べる。

ろう。

歴史に対して「もしも」を語るのは無意味である。しかし、感傷は科学を魅力的にする装飾の一つでもある。ときには、もしもの島の姿を脳裏に描くことも、理解の糧になることだろう。

次は、島で最大の課題となっている外来生物に注目していきたい。

# 2 闘え！ ベジタリアン

## アペタイザーにサラダはいかが？

島で顕著な影響を発揮している外来種の一つが、植食者である。植食者とは、主に植物を食べる動物のことだが、そのレベルにはいろいろなものがある。おしゃれなサラダばかり食べているＯＬから、特定の植物しか食べない昆虫まで、みな植食者である。

島にも植物を食べる昆虫や果実を食べる鳥は自然分布している。しかし、多くの海洋島にはシカやヒツジ、ウサギなど植食哺乳類は自然分布していない。大陸島であっても、大型植食者不在の島は少なくない。たとえば、奄美大島には固有の植食者であるアマミノクロウサギは自然分布しているが、本州や九州の代表的な大型植食者であるシカやカモシカはいない。

　このため、島の植物は植食哺乳類に対する防御がしばしば退化している。チャネル諸島での研究では、島に分布する植物はメインランドのものに比べトゲが少ない上に小さく、また葉が柔らかい傾向が示されている。ケシ科やバラ科の植物では、島の亜種でのみトゲが完全に消失している例もある。

　小笠原で野外調査をしていると、葉にトゲがあるタコノキという植物に邪魔されることがある。たいしたトゲではないが、私の柔肌を傷つけるとは無礼なりと悪態をつきながら藪（やぶ）をこぐ。沖縄で調査をすると、近縁のアダンに行く手を阻まれる。こちらのトゲは大きく鋭く、悪態をつく余裕も失いもう勘弁してくださいと謝りたくなる。タコノキのトゲがヒトスジシマカだとすれば、アダンはチュパカブラ相当だ。これは、植食者不在の小笠原と数万年前までシカがいた沖縄の違いといえるだろう。

**チュパカブラ**
主に南アメリカで目撃されている未確認生物（ＵＭＡ）。家畜や人を襲って血を吸うといわれている。大きな赤い目とするどい牙が特徴で、跳躍力に優れる。ときおり映像が出回るが、疥癬などの皮膚病を患ったイヌやコヨーテなどのことが多い。

剣や鎧は、モンスターに立ち向かうからこそ必要な武器だ。鬼がいなければ、桃太郎も刀を購入することはなく、生涯その体に柔らかい桃を纏(まと)って生活したことだろう。植物とて、襲い来る哺乳動物がいなければ、防御に必要なエネルギーの支出は抑え、軟弱な体を進化させるのだ。不要な器官を消失させることは、植物にとっての生存戦略といえる。

こんな桃で覆われた植物たちの目の前に外来の植食哺乳類が現れれば、その結果はご想像の通りだ。

## 白ヤギさんからお手紙ついた

外来の植食哺乳類は、目に見える風景すら一変させてしまうほどの力がある。世界的な問題児の筆頭はヤギである。彼らは、ガラパゴスから奄美諸島まで世界中で植生に打撃を与えている。ハイジとペーターが誰に憚(はばか)ることなく子ヤギを可愛がることができたのも、舞台がメインランドだったからで

**ハイジ**
スイスのヨハンナ・シュピリ原作で、アニメ化もされた『アルプスの少女ハイジ』の主人公。ハイジはあだ名で本名はアーデルハイド。アニメーションのスイスの描写は宮崎駿、高畑勲らの徹底的なロケハンによるもの。

あり、もしも島ならば自然破壊を助長する悪の手先と罵られただろう。ここでは、ヤギを例に植食者の問題を俯瞰したい。

ヤギは、中東周辺に分布するパサンという哺乳類を家畜化したものと考えられており、大航海時代以降に世界各地の島に持ち込まれた。原産地で草原、森林、岩石地など多様な環境を利用しているためか、移入先でも、過酷な地域も含めてさまざまな環境を利用する。海を旅する船乗りにとって、島での食物補給は最重要課題だが、海に孤立した島には食物となる手頃な哺乳類がいない。頭のいい航海者たちは、効果的な手段として島にヤギを放した。厳しい環境でも生きられるヤギを放っておけば、次回お立ち寄りの際に勝手に増殖し収穫されるのを待っているのだ。なんとも効率のいい方法である。

島に持ち込まれたヤギは、驚異的なスピードで増加する。ガラパゴス諸島のピンタ島では、1959年に3頭のヤギが持ち込まれ、10年後には5千〜1万頭に増加したといわれる。

**ペーター**
『アルプスの少女ハイジ』に登場するヤギ飼いの少年。

**効果的な手段**
江戸時代末期に日本に開国を迫ったペリーの航海記には、彼が浦賀で一悶着起こす前に小笠原に立ち寄り、いくつかの島でヤギを放したことが記録されている。これは日本への嫌がらせではない。なぜならば、この当時小笠原に日本人はおらず、住んでいたのは欧米系の人間だったからだ。ヤギは、地元民への心のこもったプレゼントだったといえよう。

これはとくに顕著な例だが、彼らは世界各地の島で急増し、生態系に大きな影響を与えた。

増えたヤギは、植物を食べる、食べる、ひたすら食べる。柔らかい新芽や若葉ばかりを食べる軟弱者とは違い、堅い葉も、枝も、樹皮も、毒さえなければなんでも食べる高性能植食者だ。腸内にリグニンを分解する微生物が共生し、人間には消化できない堅い植物組織も栄養にしてのける。そこにしびれる、あこがれる。

とくに、植食者のいない環境で長期間進化を遂げて来た植物、すなわち固有性が高い植物ほど防御性能は低い。こうして、植食哺乳類の侵入は分布の狭い固有種を絶滅させていくのだ。

黒ヤギさんたら、植物食べた

旺盛な食欲により、ヤギの生息地では林床がスカスカの森林ができあがる。稚樹が食べられれば森林は更新しない。樹皮が食べられれば枯死してしまう。生き残った成木も寿命を迎える。木の密度が低下すると、風雨の影響で木が倒れる。いずれ森林は衰退し草原になる。草原も食べられ、土壌がむき出しになる。雨が降れば小川ができ、土は流れ、岩盤が露出する。彼らは、種を絶滅に追い込むだけでは飽き足らず、景観そのものを大きく変える環境改変者となる。

　森林がなくなれば、そこに住む動物も姿を消す。植物に依存する昆虫や軟体動物も絶え、小動物を食べる鳥たちも消える。落葉がなくなり、地表は乾燥し、土壌動物も生きていけない。長い時間をかけて独特の生物相を育んできた島は、短期間で荒野に成り果てていく。

　これは絵空事ではない。ヤギはガラパゴス諸島やハワイ諸島、ロードハウ島、ソコトラ島など世界各地で猛威を振るってきた。日本でも、小笠原諸島の媒島（なこうどじま）は顕著な被害を示す代表的な場所で、森林がなくなり岩盤が露出し、サンゴ礁は土砂に埋まっている。

もちろん、問題を引き起こす植食者はヤギのみに止まらない。アナウサギはニュージーランドを始めとした800以上の島で野生化した。イギリス領ヴァージン諸島やケーマン諸島ではロバが、ニュージーランドやフレンチポリネシアではヒツジが侵略的な外来植食者として活躍する。ブタやネズミなどの雑食動物も植物に大きな影響力を発揮している。

とくにヤギやブタ、アナウサギ、クマネズミ、ハツカネズミは、国際自然保護連合がリストアップした「世界の侵略的外来種ワースト100」にもランクインする外来種界のエリートなのである。

## インファナル・アフェア

世界のエリート！

このような背景を受けて、世界各地でヤギ駆除が行われている。ガラパゴス諸島のサンチャゴ島は585平方キロもある大きな島だが、2006年までに8万頭のヤギが駆除され、根絶に成功している。1万円札を並べると約480兆円分の面積である。480兆円はアメリカの国家予算の約1年分に相当し、驚異的な根絶の成功例といえよう。

日本の小笠原諸島でも、無人島を含めて少なくとも17の島でヤギが野生化していたが、根絶が進み2023年現在の分布は残すところ父島のみとなっている。ヤギの根絶はこれまでに世界各国の190以上の島で成功しており、現在も多くの島で駆除が行われている。

ヤギ駆除は主に銃で行われる。場合によっては島を柵で区切り、区画ごとに駆除を進める。外来生物駆除の難しさは、最後の一押しをすることだ。個体数が多い時は見つけやすいので、効率よく減少させられる。しかし、少なくなると発見も対処も格段に難しくなる。インスタントラーメンの汁に沈む乾燥ネギを箸で挟むがごとしだ。

このため、ヤギ駆除ではスパイが暗躍する。捕獲した個体に発信機をつけて群れに戻すのだ。スパイは意図せず群れの位置を逐一知らせ、駆除が完遂される。このヤギは、キリストの弟子にちなんでユダゴートと呼ばれる。

野生化した動物に罪はない。親に森に捨てられて止むを得ずお菓子の家を食害した兄妹みたいなものだ。罪は持ち込んだ人間にあるのに罪なき動物を殺すのはいかがなものか、といわれることもある。

スパイが暗躍する。

確かにその通りかもしれない。しかし、放置するとヤギは在来の植物を食べ尽くし、森林環境を崩壊させ、間接的にそこに住む動物を滅ぼし、悠久の時をかけた進化の歴史を断ち切ってしまう。ヤギ自身にも食物不足で餓死するものが出現する。グレーテルがお菓子の家を食べ尽くし、森を開墾し、いずれ砂漠化を招くのを黙って見過ごすわけにはいかない。不幸の連鎖を終わらせるためには、短期間で根絶するよりほかに手立てがないのが現実である。

## 失って初めてわかる

大型植食者の駆除により、在来植生が回復する例は数多い。種子や稚樹が少しでも残っていれば、次世代が復活するのは当然である。ジャイアンを倒せば、のび太はしずかちゃんとともに平穏な学園ライフを送れるのだ。

しかし、駆除が成功しても保全が成功しない場合もある。

外来種駆除は目的ではなく、あくまでも生態系を保全するための手段だ。根絶に至っても、結果的に生態系の状態がよくならなければそれは手放しで成功とは言えない。植食者を駆除した結果、予想外のマイナスの効果が生じることは、じつは珍しくない。

ハワイでは、野生化したブタ、ヒツジ、ヤギを駆除した結果、確かに在来植物も回復したが、それ以上に外来種の草本が増加した。北マリアナのサリガン島では、ヤギの駆除後にヒルガオ科の外来種が爆発的に森林を覆った。ガラパゴスでは、サンチャゴ島でのヤギ駆除後に外来のブラックベリーが、サンクリストバル島でのウシ駆除後に外来のグァバが激増した。

私の小笠原の調査地でも同じことが起きた。ヤギを駆除したのはいいが、その後に外来のギンネムやトクサバモクマオウが繁茂しているのだ。確かにヤギ駆除は島にもよい影響を与えており、海鳥の繁殖地が目覚ましく増加した。おかげで捕獲調査がしやすくなり、鳥に噛まれて流血しても幸せを感じるぐらいだ。しかし、いずれ外来植物が分布を広げれば、海鳥たちは再び生息地を奪われる。現在は対症療法的に外来植物駆除に追われているのが現実である。

植食哺乳類たちは、外来植物の繁茂を抑制する役割も果たしていたのだ。外来植物は、在来植物に比べて繁殖力が旺盛なものも多い。植食者から解放された彼らは一気に勢力を拡大し、生態系に大きなインパクトを与える。ジャイアンなき後の平穏は束の間、スネ夫による暗黒支配の幕開けである。

植食者駆除後に増加するのは植物だけではない。ときには外来動物の増加を招くこともある。とくに、外来哺乳類同士で競争が存在する場合には、一方の駆除が他方の激増を生じることがある。オーストラリアのマッコーリー島では、外来のウサギを駆除した結果、在来植物が増加した一方で、これを食べる外来のクマネズミが増加した。増加したネズミはミズナギドリの巣を襲い、その個体群を絶滅の危機に追いやった。この側面だけを見ると、外来ウサギは海鳥をネズミから守る役割を果たしていたといえる。ジャイアンのおかげで他校の不良どもが小学校に侵入してこなかったことが明らかになったのだ。

侵略的な外来生物の影響は、生態系から排除すべきである。しかし、単純な駆除が必ずしも模範解答ではないことを、私たちは世界各地で学んでいる。

## それは私たちが悪い

外来生物の問題がマスコミに取り上げられる時、しばしば勧善懲悪の図式が紹介される。「ブラックバスが在来の魚を捕食するから駆除すべし」「ネズミが鳥を襲うから駆除すべし」。

確かにこれは事実の一面を語っているが、ときには裏面があることは前述の通りである。生態系には多くの登場人物が

**ブラックバス**
和名オオクチバス。外来種といえば筆頭に挙がるであろう。特定外来生物に指定。よく似たコクチバスも分布が拡大している。

存在し、その関係は複雑であるため、単純な1種の駆除ですまない事態は珍しくない。にもかかわらず単純化が生じている背景には、我々研究者の責任が少なからずあることを懺悔（ざんげ）したい。

外来種問題を解決するためには、多くの国民に対策の必要性を認識してもらわなければならない。なぜならば、生態系を守るための事業は、主に国民の税金を使って行われるからだ。

普及啓発には、マスコミに取り上げてもらうことが効果的だ。メディアで注目してもらうためには、単純でわかりやすいキャンペーンが必要なのだ。根絶の達成は、成果を示すわかりやすい評価軸でもある。このため、ライダー対ショッカー的単純構造を前面に押し出し、ショッカー壊滅を目標としてしまう。研究予算の確保でも、同様のアピールが生じている。

保全のためには外来種管理が必要であり、これを推進するには悪・即・斬という図式が便利である。しかし、結果として誤解を招くことは得策ではない。外来種問題が今ほどポピュラーでなかった時代には、単純化も必要だっただろう。しかし、すでに社会は成熟し、外来種問題には一定のコンセンサスが得られている。

今後は、より複雑でより真実に近い説明の普及を進めることをここに誓いたい。それがなければ、真の問題解決は難しいだろう。

ことは単純ではない。

## 3 プレデターVSエイリアン

宇宙では、あなたの悲鳴は誰にも聞こえない

肉食者の脅威は、わざわざ説明せずともよかろう。どうしても想像できない人は、近年稀に見る巨大ロボ映画の金字塔『パシフィック・リム』を大画面で見て、怪獣に襲われる人類の姿に心震えていただきたい。菊地凛子の魅力を縦糸に、巨大ロボと怪獣の迫力の激闘を横糸に、地球規模での外来種問題が描かれた普及啓発映画である。

なにしろ、疑うことを知らない純真無垢な生態系に外来肉食者が侵入すれば、結果は火を見るよりも無邪気に食べられ放題だ。自身に起こった悲劇を理解する間もなく散っていった君たちのことを、私は忘れることはないだろう。島におけ

『パシフィック・リム』
ギレルモ・デル・トロ監督によるSF怪獣ロボットアクション映画。2013年公開。地球上に出現した巨大怪獣に対し、イェーガーと名づけられた巨大ロボットで立ち向かっていく人々の物語。怪獣は劇中でも「KAIJU」と呼ばれている。監督のギレルモ・デル・トロはフラバラ、サンガイが好き。

る鳥の絶滅原因の42%が、また島の絶滅危惧鳥類の脅威の40%が、外来捕食者といわれている。

モーリシャス島のドードーは、野生化したブタなどに卵やヒナを捕食され、絶滅の道を歩んだと考えられている。スティーブンズ島の飛べない小鳥スチーフンイワサザイは、野生化したネコに捕食されこの世から姿を消した。私自身もしばしばネコの糞を分析するが、その中には絶滅危惧種のメグロやオガサワラカワラヒワなどが見つかる。これは感傷的な話であり、捕食イコール絶滅とは限らない。しかし、人間の目に止まる野生動物の死は、実数のほんの一部にすぎない。その陰に大きな氷山が隠れていると思うと、背筋に冷たいものが走る。

捕食者は哺乳類ばかりではない。農業被害を生じる外来種アフリカマイマイを駆除するため、貝食性のカタツムリであるヤマヒタチオビや貝食性プラナリアのニューギニアヤリガタリクウズムシが、生物農薬として世界各地の島にばらまか

ドードー、ブタに追われる。

れた。結果として各地に固有のカタツムリは次々に絶滅を迎えた。

原産地では絶滅危惧種となっているニュージーランドクイナは、人為的に移入された小島ではハジロシロハラミズナギドリの捕食者となり、駆除対象となったこともある。グアムで野生化したミナミオオガシラというヘビは、固有の鳥とトカゲの半数以上に加え、2種のコウモリを絶滅の淵に叩き込んだ。

同様の例は数限りなく、主要なものを挙げるだけでキーボードを叩く指先が磨り減り、指紋が残らぬのをいいことについ魔が差して完全犯罪に挑んでしまいそうなので、このあたりでやめておこう。なにしろ、捕食者の影響はお釈迦様の掌(たなごころ)より広く、思春期の少年の心の闇より深いのだ。

## アントワネットの呪い

島では、メインランドでは大きな問題とならない生物が、強大な影響を及ぼすことがある。ネコにしろ、ネズミにしろ、ヤギにしろ、メインランドでは種を絶滅させるほどの力はない。しかし、彼らは島に入った途端に悪魔の顔をのぞかせる。

これは単に島の生物の脆弱性だけが原因ではない。メインランドには、多くの捕食者や病原菌などがおり、それぞれの種が爆発的に増殖することはない。しかし、島に侵入した外来種は、原産地における捕食者や病気などの死亡要因から解放されるのだ。このため、彼らは自らの健康を気にかけることなく、侵略に勤しむことができる。

長い時間をかけて進化してきた捕食者と被食者の関係は、バランスが取れていると考えて問題なかろう。吸血鬼が増えると人間が減る。人間が減ると、食物不足で吸血鬼も減る。

人間が増えれば吸血鬼も増える。捕食者と被食者が互いに反応しながら長期的に安定する古典的な解釈には説得力がある。

しかし、島に侵入した捕食者は、進化的な時間をかけた関係性を築いていない。ほかに競い合う捕食者もいない中、モリモリとさまざまな動物を食べてしまうことがある。これは憂慮（ゆうりょ）すべき事態だ。とくに、ハイパープレデターとなった種は、ＡＶＰ２に登場するプレデリアンと同じくらい危険な存在となる。ハイパープレデターとは、潤沢な食物に依存することで、一部の食物の増減と無関係に集団を維持し、被食者に多大な影響を及ぼす捕食者のことである。

外来種のネコは、世界各地で在来の鳥類を殲滅（せんめつ）する優秀な狩人である。彼らは、人間の友として島に連れられ、無防備な鳥たちを、食べる、食べる、食べる。鳥たちは、減る、減る、減る。ケルゲレン諸島では、ネコは毎年３００万羽ものミズナギドリを捕食していたとも試算されている。通常なら食物が減少すれば、これに応じてネコも個体数を減じること

**ＡＶＰ**
『エイリアンVSプレデター』２００４年公開のＳＦ映画。エイリアンとプレデターという二大タイトルの異星生物同士がぶつかり合う、お得な映画。

**プレデリアン**
『ＡＶＰ２ エイリアンズVSプレデター』に登場の手強いクリーチャー。

**ケルゲレン諸島**
南インド洋にあるフランス領の島々。南極大陸から２千キロの距離にある。

が期待される。もしそうなら、減少した鳥たちもネコ減少の隙を突いて再興できるだろう。しかし、ネコは鳥がいなくなるまで食べ尽くしても、平気な顔で尻尾を立てている。

ネコが野生化している。パンがなければケーキを食べればよい。鼠野生化している場所では、たいがい外来のネズミも算を得意とするネズミたちは、計算力にモノをいわせて無限に増え続ける。ネコは、食べても減らないネズミを主食としながら、おやつ箱が底をつくまで「ついでに」鳥を食べているのだ。これがハイパープレデターである。

## ブービートラップ

外来肉食者は、在来動物にとって強大な敵となる。子供や卵のみならず親世代まで食べられると、集団は再生産が行われなくなり、絶滅に向けて加速する。在来種を救うには、やはり彼らを駆除しなくてはならない。しかし、ここにも罠が張り巡らされている。

驚異的な捕食力を発揮するネコは、しばしば駆除の対象となる。しかし、駆除の結果ネズミが増加してしまい、ネズミによる鳥類の捕食が壊滅的打撃を生じる例があるのだ。

ニュージーランドの小島で海鳥がネコに捕食されていたため、駆除事業が行われた。その結果、海鳥繁殖地では逆に繁殖成功度が低下する事案が生じた。これは、ネコの捕食圧から解放された外来ネズミが増加し、海鳥がネズミに捕食されたためである。ネコは、海鳥だけでなくネズミの捕食者でもある。このような場合、ネズミはメソプレデター＝中間捕食者と呼ばれ、上位捕食者の除去により中間捕食者が増加することをメソプレデター・リリースという。

帰ってきたウルトラマンに登場したメイツ星人は、怪獣ムルチの暴走を抑える役割を担っていた。しかし、メイツ星人が警官に射殺されたことにより、ムルチの封印が解け川崎市は壊滅した。これは国内におけるメソプレデター・リリース

**メイツ星人**
地球名「金山」。巨大魚怪獣ムルチと共に、『帰ってきたウルトラマン』第33話「怪獣使いと少年」に登場。人の心にある差別をテーマにした、シリーズきってのもの悲しい物語である。

の好例といえよう。

## 本気のジェリー

ネズミは、ネコ以上に強力な捕食者となり得る。世界的に分布を広げているネズミの代表は、ドブネズミ、クマネズミ、ハツカネズミ、ナンヨウネズミで、世界の主要な島の8割以上にネズミが侵入している。日本ではナンヨウネズミの分布は沖縄の一部に限られるが、ほかの三種は本土部でもメジャーな種だ。

雑食性の強いドブネズミに比べ、クマネズミとハツカネズミは植食性が強く、主に植物の種子を害する。しかし、彼らは突然肉食性を発揮して、地域の動物を絶滅に追い込むことがある。おそらく、食物不足などがきっかけとなり好みを変化させるのだろう。鳥だけでなく、トカゲや昆虫、カタツムリ、小型哺乳類など、あらゆる小動物が犠牲となる。

ネズミはネコに勝る。

ドブネズミやクマネズミは、海鳥の捕食者として悪名が高い。とくに地中の穴で営巣するミズナギドリにとっては悪魔の申し子だ。体の大きなネコであれば入れない穴も、体の小さなネズミなら侵入できる。クマネズミは木登りも得意とし、樹上の小鳥の巣も難なく襲う。

ニュージーランドのビッグサウスケープ島では、ネズミの侵入からわずか5年で、5種の鳥が絶滅またはその寸前に追い込まれた。大西洋のゴフ島では、わずか35グラムのハツカネズミが徒党を組み、体重8キロにもなるゴウワタリアホウドリのヒナを生きながらに襲って食べる地獄絵図が展開された。トムに追いかけられておどけてみせるジェリーだが、その門歯は血にまみれているのだ。

分布拡大の能力でもネズミはネコに勝る。ある程度大きな船にはしばしばネズミが住み着き、意図せず島に侵入することも珍しくない。ドブネズミやクマネズミでは、ときには約1キロもの海を泳いで隣の島まで到達することもある。この

**ゴフ島のネズミ**
この事例を報じた海外のニュースには「まるでカバにネコが襲いかかるがごとし！」と書かれていた。カバがネコに襲われる姿より、アホウドリがネズミに襲われる姿の方が想像しやすいことに愕然としたことは記憶に新しい。

**トムに追いかけられるジェリー**
アメリカのアニメ『トムとジェリー』に登場するネコ（トム）とネズミ（ジェリー）。頭のよいジェリーに翻弄されるトムを描くドタバタコメディー。

ため、一部の島への定着が群島全域への波及の先兵となるのだ。実際、ネズミの野生化した島の数はネコの比ではない。しかも、動物は小さければ小さいほど駆除が難しい。分布の広さ、個体数の多さ、食性の臨機応変さ、駆除の難しさを考えると、ネズミは世界最凶の外来哺乳類といってもいいだろう。

## お先にどうぞ

ネコを駆除すると、ネズミが増加してしまうかもしれない。ならば、ネズミを先に駆除することが好ましかろう。ネズミ駆除は確かに難しいが、最近は殺鼠剤（さっそざい）により島全体から根絶した例も蓄積されている。世界ではこれまでに５００以上の島でネズミの根絶に成功している。日本でも、玄界灘の小屋島のドブネズミや、小笠原諸島の聟島（むこじま）のクマネズミなどが、殺鼠剤により根絶されている。

ただし殺鼠剤は諸刃の剣だ。その毒性は、ときには守るべき鳥までも殺してしまう。しかし、それもある程度は許容せざるを得ない。ネズミを除去しないと、多くの動植物が追い詰められ、徐々にその姿を消していくことになる。

ネズミは小型で個体数が多いため、殺鼠剤を用いない駆除は難しく、取り洩らす可能性がある。一部が残れば数年で個体数を回復し、元の木阿弥となる。場合によっては、駆除前よりも捕食圧が高まることすらある。たとえ一部の在来種に被害が出ようとも、より大きく明るい未来を得るために不可欠なコストと考えざるを得ないだろう。

しかし、もう一つ考慮すべき事項がある。じつはネコに先駆けてネズミを駆除することが、最良の解決とは限らないのだ。主食を失ったネコは、おやつを食べる頻度を高めるかもしれない。ネズミ駆除により食物が欠乏したネコが、希少な鳥類を食べつくしてしまう可能性もある。晩御飯がないからとチョコばかり食べている小学生なら近所のカミナリオヤジ

**元の木阿弥**
今を遡ること四百有余年、戦国武将筒井順慶の父順昭が亡くなったことを秘匿するためによく似た木阿弥という人物を影武者に立てた。後に順昭の死を明らかにすることになり、木阿弥は元の生活に戻ったという故事による（諸説あり）。

が叱ってくれるが、野生のネコではそうはいかない。

このため、ネズミに捕食されやすい保全対象がいたらネズミを先に、ネコ好みの保全対象がいるならネコを先に、いずれにも好まれる場合は同時に駆除する必要があろう。駆除の順番次第で得られる結果が変わってしまうことは、よくあることなのだ。カレーに少量の牛乳を入れるとコクがでておいしくなるが、牛乳に少量のカレーを入れて風呂上がりにぐいっと飲むとマズいのと同じである。いや、よく考えてみると、同じじゃないかもしれないが、とにかく順番は重要なのである。

## 後手より先手

このセクションではネコとネズミを例に出したが、ハイパープレデターにしろメソプレデター・リリースにしろ、もちろんすべての捕食者で生じ得る課題である。

ネコにしろネズミにしろ、一旦定着した外来種は生態系の中で一定の機能を担ってしまうことがある。他種を捕食して個体数を抑える機能や、他種に食べられて捕食者の集団を維持する機能などだ。植物の場合でも、外来種が在来種と置き換わってしまえば、植食者の食物や希少動物のすみか、土壌流出の防止など、生態系に不可欠な機能をもってしまう。

外来生物の駆除を行う場合には、彼らが起こす問題だけでなく、彼らが果たす役割を知らなくてはならない。そうでなくては、保全のための行為が逆に生態系を破壊するという悲劇を生んでしまうのだ。

そしてなによりも重要なことは、外来種が生態系の中で重要な機能を担う前に対処することである。

# 4 拡散する悲劇

## 死に至る病

外来動物が植物や動物を食べることばかりが問題のすべてではない。その影響は、さまざまな経路で発露する。

ハワイ諸島に固有のハワイミツスイ類では、41の種または亜種のうち17が絶滅し、14が絶滅危惧種となっている。この事態を招いた立役者の一人は、外来の蚊だと考えられている。

痒(かゆ)すぎて悶え死んだわけでも、血を吸われてキャトルミューティレーションが生じたわけでもない。多くのハワイミツスイは、鳥マラリアや鳥ポックスなどの感染症により、その姿を消したと考えられている。これらの病気は外来の鳥とともに運ばれ、外来のネッタイイエカなどに媒介された。実験

**キャトルミューティレーション**
主にアメリカで頻発している家畜の変死事件。犠牲になった家畜はすべて、体の一部がきれいに切り取られ、血が体内に残っていない。UFOの仕業ではないかともいわれている。

的に、感染症が島の鳥にとって致死的であることも示されている。無菌状態で進化した鳥たちは、メインランドでは致死的ではない病気にも抵抗性がなかったのだ。

もちろんハワイでは、開発や外来動物の捕食も大きな影響を発揮していた。さまざまなインパクトで個体数を減じていたところに、感染症が追い討ちをかけたと考えるべきだろう。ザクだけでも手に負えないのに、黒い三連星が応援に駆けつけたようなものだ。今や在来の鳥たちの分布の中心は、標高1500メートル以上の山地となっているが、これは気温が低く蚊が不活発になる地域である。

キャトルミューティレーション、宇宙人の仕業説。

**黒い三連星**
『機動戦士ガンダム』に登場する三人衆。劇中では最新鋭（当時）の重モビルスーツ、ドムを使う強敵。

感染症は、感染相手となるホストと共に進化する。ホストの抵抗力が強くなれば、より強力な病原が進化する。ガンダムが活躍したからこそ、ジオングも開発されたのである。おかげで、強いホストと強い病原体ができあがる。そんな強化病原体が、温室育ちの生態系に侵入し悲劇をもたらしたのだ。

そこにさらなる破滅の足音も聞こえている。地球温暖化だ。気温の上昇は、蚊の活動標高の上昇を意味する。世界規模の環境問題は、ローカルな多様性にも影響を与えるのだ。

ハワイだけではない。クリスマス島では在来のクリスマスアイランドネズミが絶滅しているが、これは外来のクマネズミと共に持ち込まれたノミが媒介するトリパノソーマという感染症による可能性が指摘されている。クマネズミが侵入する以前に採集された在来ネズミの標本からは、この病気が検出されないことがその根拠となっている。

感染症は目に見えないため、絶滅の背後にその存在を見抜くことは難しい。しかし、十分に調べられていないだけで、

**ジオング**
『機動戦士ガンダム』のラストに登場するジオン軍のモビルスーツ。主人公のライバルであるシャアが乗る、足がないモビルスーツ。頭だけでも動く。

その影響が隠れている例は少なくないのかもしれない。

## わたしを食べて

オオヒキガエルは、地表を徘徊する昆虫などを捕食して、その多様性を減少させる。その一方で、食べられることでも島の生物を苦しめる。ソロモン諸島では、オオヒキガエルを食べた在来のヘビやミズオオトカゲが犠牲になっている。このカエルは皮膚の下にアルカロイドを主成分とする猛毒をもつのだ。オオヒキガエルは沖縄でも野生化し、捕食者となるイリオモテヤマネコやカンムリワシの被害が心配されている。

食べられることによる影響は、チャネル諸島の外来ブタでも報告されている。ただし毒ブタではなく、ただの飛ばないブタだ。ここで彼らを食べたのはイヌワシだった。イヌワシは人間が持ち込んだ外来種ではないが、島にもともと定着していたわけでもない。島の新メニューであるポーク定食に誘引され、常連客となりうっかり繁殖を開始したのだ。

「同じものばかり食べていては体に毒ですぜ」カウンターの向こうの大将にたしなめられたイヌワシは、豚カツ定食に執着するのをやめ、アイランドフォックスという固有のキツネを襲い始めた。予想外の捕食圧を受けたキツネは数を減じる。これに伴い、キツネと食物をめぐる競争関係にあった固有のスカンクが増加を始めた。

島には翼があるため、渡り鳥として飛来していた個体が島に定着して繁殖し始めることも珍しくない。小笠原諸島では1990年頃から2000年代にかけて、冬鳥として飛来していたモズが定着して繁殖した。これは、外来種として増加したアノールトカゲを食物として定着した可能性がある。モズは人間が直接持ち込んだ外来種ではないが、人間活動に伴って拡散したという点で、生態系にとっては同じ意味をもつといえよう。

ちなみに小笠原のモズが数百羽まで増えた時期には、ヒヨドリやメグロなどの在来の鳥が集まってモズを追いかけ回す姿がしばしば見られた。結局モズは2005年頃を最後に島から姿を消したが、その背後には新参者の定着を阻止する地元民の抵抗もあったのかもしれない。このように最終的に姿を消す場合もあるが、しめしめと分布を拡大する場合もある。

外来種というと、強者としての影響ばかりがクローズアップされがちだが、食べられることで生物相に変化を生じさせることがあるのも、忘れてはならない。

## 我慢なんてできません

侵入者が植物の場合も数限りなくある。初代ウルトラマンでも、グリーンモンスやケロニアなど植物由来の怪草や怪木が原産地から拡散して日本に侵入した結果、駆除されるという顛末が描かれている。現実のタヒチやハワイではノボタン科のミコニアが森林を埋め尽くした。熱帯ポリネシアやモー

**グリーンモンス**
『ウルトラマン』第5話「ミロガンダの秘密」に登場する怪奇植物。食虫植物が品種改良により凶暴化したもの。

**ケロニア**
『ウルトラマン』第31話「来たのは誰だ」に登場する、南アメリカ産の吸血植物。人型で直立二足歩行する。

リシャスではストロベリーグァバが、ガラパゴスではブラックベリーやキニーネが大問題となっている。

植物は、農業作物や薪炭材、観賞植物などとして島に持ち込まれる。とくに多いのが観賞用で、外来植物の約4割がこの目的といわれており、前述のミコニアもその例である。外来植物の野生化は目覚ましく、島によっては在来種を凌駕する。セイシェルやモーリシャスでは分布する植物種数の50％、ナウル島では65％、セントヘレナ島では85％、アセンション島では90％が外来種である。

植物は生物の生息環境の基礎となる。このため、外来種がはびこると森林の構造が変容し、そこに生息する生物相まで左右されてしまう。

その植物の拡散に、しばしば在来の鳥が活躍する。外来植物の果実は魅力的な資源だ。そもそも、おいしいからこそ持ち込まれたものも多い。島の鳥たちは、積極的にその果実を食べて種子散布する。

**キニーネ**
アカネ目アカネ科の植物。和名はアカキナノキ。マラリアの特効薬の生産に使われる。

在来鳥類だから在来果実だけを食べろなんて、とてもいえない。私だって、在来の奈良漬けと外来のメロンパンがあれば、迷わず後者を選ぶ。だからといって在来鳥類を殲滅するわけにもいかず、ダーウィンフィンチもハワイミツスイも、外来植物の拡散に一役買ってしまう。

　鳥の移動力は抜群である。彼らに拡散される植物を完全駆除することは、容易ではない。

## 風が吹くと目に砂が入る

　グアム島では、外来の蛇であるミナミオオガシラの捕食により、コバシヒメアオバトやミクロネシアミツスイなどさまざまな鳥が島から姿を消した。小動物食の鳥の絶滅は、鳥が捕食していたクモの増加を引き起こした。クモは捕食者であるから、その増加はさらにクモに捕食される昆虫の密度にまで影響しているはずである。また、植食性の鳥の減少は、種子散布や花粉媒介の機能の低下を意味し、植物の更新にまで影響していると考えられている。

果実食者の絶滅により、在来植物の種子散布の機能が損なわれる例は珍しくない。ニュージーランドではモアやニュージーランドツグミ、ホオダレムクドリなどの絶滅が、種子散布の様相に大きく影響したと考えられている。スペインのバレアレス諸島では、外来ネズミによるカナヘビの捕食により、カナヘビが種子散布を担っていたミカン科の植物の散布が妨げられている。

ニュージーランドの小島では、ネズミの侵入により海鳥の繁殖地が次々と失われている。このような場所では、海鳥が海から運ぶ栄養の供給が絶たれ、植物相の変化にまで至る。

生物の絶滅は、単純にその種がいなくなるだけでなく、その生物がもつ機能の欠落を意味するのだ。こうして生態系の

メジロは花粉を媒介する。

崩壊が生じる。

ポイント・オブ・ノーリターン

外来種の侵入がきっかけとなり、連鎖的に複数の種が増減し、在来生物相が不可逆的な影響を受けるに至ることがある。これを、インベージョナル・メルトダウンと呼ぶ。ウルトラマンがいるせいで次々に怪獣や異星人が襲来し、日本各地が壊滅的打撃を受け、90年代初頭のバブル経済の崩壊に至った経験は記憶に新しい。

クレージーアントとも呼ばれるアシナガキアリは、メルトダウンの代表例となっている。彼らは、カイガラムシが出す蜜を得るため、カイガラムシを防衛するという性質をもつ。カイガラムシは植物の樹液を吸い、スス病という樹病を蔓延（まんえん）させ、樹木を枯死に至らす小さな巨人だ。

また、このアリはクリスマス島では在来のクリスマスアカ

**アシナガキアリ**
体長４ミリほどの細長いアリ。繁殖力が強く、大きなえものも集団で襲う。

ガニを壊滅的に捕食する。18か月で、３００万匹が捕食されたという推定もある。カニは種子や落ち葉を食べて分解を促進する役割をもつため、その機能が奪われて林床環境が一変する。さらに、カニが捕食する外来のアフリカマイマイの増加にまでつながる。アフリカマイマイは、在来植物を食害する害虫だ。いや、害貝だ。このように、アリ１種の侵入が複数の経路を介して多くの生物の生息地となる森林の構造を大きく変容させるに至る。

バレアレス諸島でのネズミの侵入は、ネズミが種子を散布するアイスプラントの分布拡大に寄与した。アイスプラントは、耐塩性が強く葉に塩分を蓄積するため、サラダの一角としても利用されている有用植物だ。彼らは土壌水分を過剰に消費するとともに土壌の酸性化を促し、在来植物の生育を妨げる。この植物は見た目が可愛い割に、あまりおいしくない点でも要注意だ。

島での進化時間が長いほど、植物は防御機構を退化させている。このため、哺乳動物は相対的に食べやすい固有性の高い種を、とくに選んで食べることがある。チャネル諸島では、外来のヒツジやヤギがメインランドの近縁の植物に比べ、島の固有種を好んで食べることが実験で示されている。ハイジが硬い黒パンより柔らかい白パンを好むのと同じだ。このようなえり好みが、在来種を後退させ外来植物の繁茂を促進すると考えられる。

一度動き始めた歯車を止めることは難しい。メルトダウンに達した生態系は原型を失い、不安定となり、坂道を転がり落ちていく。

## 少数精鋭

種数の多いメインランドでは、同じ役割を担った種が多数いる。このため、多少の絶滅や増加が生じても、その影響は最小限に抑えられる。１０１匹ワンちゃんがじつは１０８匹だろうが99匹だろうが、誰も気づきはしないし存在感にも大差ない。

ヒヨドリもムクドリもツグミもアオバトも、みんな果実を食べて種子を散布する。たとえツグミの数が減っても、誰かがその機能を補ってくれる。

捕食者は多様な動物を食べる。ネズミも、トカゲも、ハトも、バッタも、メニューをにぎわすアラカルトだ。もともと品数が多ければ、新作が一品加わったからといって、それを目当てに捕食者が増えることもない。一般に、生物多様性が高いことが重宝される背景には、生態系の安定性の担保の意味があるのだ。

しかし、種数が少ない島嶼ではそうはいかない。特定の機能を少数または単一の種が担うことも珍しくない。そんな生態系で、少数でも種が欠損または追加される影響の大きさは、容易に想像できよう。

たとえば、メインランドでは鳥が食べられないような大型種子を散布する動物として、サルもリスもネズミもいるが、島でその役割を担えるのは、オオコウモリぐらいしかいない。この状況でオオコウモリが絶滅すれば、大型種子の植物は分布を広げられず、衰退するよりほかなくなるのだ。

多種多様なモビルスーツを開発したジオン公国では、たとえギャンが失われようとも戦局に影響はない。しかし、開発に後れを取った地球連邦でガンダムが失われれば、その影響は計り知れないのだ。

種数の少なさとアンバランスさこそが、島嶼地域の魅力の源泉であるとともに、諸刃の剣である。諸刃どころか、全方位に傷を生じ得るライトセーバーといっても過言ではない。1種の絶滅や侵入が、種間相互作用を介して連鎖的に反応を生じさせ、生態系内の多方面に大きく影響するのである。

**ギャン**
『機動戦士ガンダム』に登場する中世の騎士の鎧のような装甲をそなえるモビルスーツ。マ・クベの乗機。身を守るべき盾にミサイルが仕込まれているというクレイジーな機体。

**ライトセーバー**
『スター・ウォーズ』に登場する、レーザー光線の刃をもつ剣。振るとブォーンという低音の唸りを発する。刃の色は、中に入っているクリスタルの性質によって異なる。刃が赤ければ悪者と思ってよい。

# 5　カガヤクミライ

## 大人の事情

さて、島の生物の研究を生業とする私は、島のさまざまな問題を目の当たりにしてきた。長年の鬱憤もあり、若干エキサイトして外来種の悪口を並べ立て、その悪行を吹聴してしまった。

問題を煽った後でナンなのだが、伝えたいことがある。とても残念ながら、島の生態系からすべての外来生物を排除することは、現実的には不可能である。

もちろん私も夢を見たこともあるが、そんな非現実は初恋と共に紙飛行機に折って虹の向こうに飛ばしてしまって久しい。

人生に理想は大切だが、夢を語りつつも実現可能なゴールを目指すのが、大人の仕事だ。ヒーローを目指しても、誰もがゼブラーマンになれるわけではない。覇気のない御用学者と断じてもらっても結構。背中が煤け、腹が黒くなっても、確実に前進しなくてはならない。むしろその姿がちょっとカッコよいのだと、自分に酔っている節もなくはない。

外来種問題の根本は、その存在により生態系の劣化が進行し、生物多様性が失われることにある。逆にいうと、外来種がいても劣化が進行しなければ、許容範囲とあきらめることもやむを得ない。外来種対策はお金も労力も時間もかかる。資源の使い途は、ほかの目的と天秤(てんびん)にかけざるを得ない。影響が小さいなら、来たるべき高齢化社会に備え、社会福祉を充実させる方が有意義なこともあろう。

目指すべきところは在来種を中心とした安定した生態系、つまりは、外来種が爆発的に増加して在来種を脅かさない状態である。自治会のゴミ当番をきちんとこなすなら、たとえ隣人がE．T．でときどき自転車で空を飛んでいても気にしない。おとなしい彼らを問題視するよりは、20億人の仲間を引き連れて侵略を目論むバルタン星人と、水面下での交渉を進めるべきなのである。

意気軒昂（いきけんこう）として外来種との戦いに臨む勇者を期待されていた方には申し訳ない。ハリウッドは海の向こうだ。実現可能で許容範囲にある未来に向け、あちこちの島で生態系管理が行われている。

## 僕らが戦いを挑むワケ

日本には、生物多様性基本法という法律がある。そこにはこう書かれている。

「我らは、人類共通の財産である生物の多様性を確保し、そのもたらす恵沢を将来にわたり享受できるよう、次の世代に引き継いでいく責務を有する。」

**E．T．**
1982年公開の映画『E．T．』に登場する、人類に対して友好的な宇宙人。E．T．はExtra-Terrestrialの略。指先と指先を合わせるイメージが強いが、じつは映画本編の中ではそのようなシーンはない。

つまり、日本国民にはみな生物多様性を保全する責任と義務があるのだ。その理由は、生物の多様性が人類の存続の基盤であるとともに地域文化の基盤ともなっているからだと法律に書いてある。

だからといって、島の研究者が日本国民としての義憤にかられて外来生物に挑んでいるわけではない。

そもそも島の研究者の多くは、生物の進化や特殊な生物相、ビーチでの一夏の思い出など、島のもつ独特な魅力に誘われて研究を始めている。外来生物の駆除がしたくてしたくてしょうがなくて研究を始めたという輩は、それほど多くない。

私が島の鳥類の研究を始めたのも、純粋な発意からである。小笠原諸島にのみ生息するメグロという鳥は、もちろん日本の固有種だ。日本の固有種は日本人が研究しなくては、その生態を明らかにできない。私は日本の研究者としての矜持と責任を胸に、島という特殊環境での進化に心をときめかせ、メグロを皮切りに島の生物の研究に没入していったのだ。

しかし、純真無垢に島の生物を研究したいだけなのに、世界中のどこの島に行っても外来生物が猛威を振るっている。研究を進めるためには、エイリアンとの戦いも進めざるを得ない。そうしないと、研究対象そのものが姿を消してしまうのだ。島の生物の研究をするすべての研究者にとって、避けることができない現実なのである。

そのような過程を経て、多くの研究者たちが社会的責任の名の下に外来生物戦線に徴兵されてきた。おかげさまで、私も研究のための調査日数より外来種駆除のための事業検討会の日数の方が多いという意に染まぬ日々を送っている。研究者にとって外来種との戦いは目的ではなく手段にすぎない。このため、戦いを有利に運び、本来の目的である純粋島嶼研究戦線に復帰すべく、世界各地で対エイリアン用の武器が開発されてきた。

## 武器よこんにちは

古典的には、天敵生物を用いた外来生物対策が世界各地で展開されてきた。三宅島にはネズミ駆除のためにニホンイタチが持ち込まれ、小笠原ではオオムカデを駆除するためにオオヒキガエルが持ち込まれた。世界各地のネコも、ネズミ対策の側面をもつ。しかし、導入された天敵が、ターゲットとしない在来種に被害を与え、より深刻な外来種問題を引き起こすことも珍しくないため、最近は天敵の導入は推奨されていない。

対外来生物戦線。

昆虫では、不妊虫放飼という方法がある。これは、不妊化した個体を大量に放し、野生個体同士の交尾機会を減らす方法だ。日本では沖縄や小笠原で、この方法により農業害虫のミカンコミバエの根絶に成功している。同様の手法の開発は、さまざまな外来種で検討されている。

植物の駆除には伐採や引き抜き、樹皮の剝ぎ取りなど、物理的作戦が用いられることが多かった。しかし、この方法は労力がかかる上、対象種によっては失敗も起きる。そこで、最近では農薬が使用される例も増えてきた。周辺の生物に影響を与えないよう、対象木の幹にドリルで穴を空け、農薬を注入して枯死させるのだ。このことにより省力化が進み、大面積での駆除が現実的となっている。

動物の駆除にも薬が使われることは珍しくない。自由に移動できる動物を相手にするには、銃や罠だけでは心もとない。とくに、対象の体サイズが小さくなるほど効率は悪くなる。殺鼠剤を筆頭に、ネコやウサギ、ヤギなど、さまざまな動物に対して毒薬が使われる。グアムでは、外来ヘビのミナミオオガシラの駆除のため、毒を仕込んだネズミの死体を空中散布した。

ただし、薬剤の使用にはリスクがつきものだ。人間生活への影響や、本来守るべき在来動物の死亡、薬剤耐性個体の発生などが、常に心配材料とされている。世界各地で殺鼠剤により在来の鳥や獣が死に、薬剤耐性をもつスーパーネズミが生じていることは、紛れもない事実だ。この戦いに、無傷での絶対的勝利はない。予想される成果とリスクを天秤にかけた上で、慎重に事業を進めなくてはならない。

## たかが愛

しかしなんといっても最重要なのは、技術的課題よりも合意の形成である。生物を殺すことに関する倫理的問題は、常に多くの議論を巻き起こす。外来種対策より、不便な住民生活への投資を優先すべきとする場合もある。保全対象となるオオコウモリが農業被害を生じさせるような場合には、さらに問題は複雑化する。

残念ながらこのような問題に特効薬はない。農家の生活より野生動物の保護の方が大切なのかという問いに対して、私は模範解答を持ち合わせていない。

効率的な外来種対策手法を科学的に検討することはできる。しかし、リスクやコストを伴いながら、それでもなお島の生態系を、ときには誰もいない無人島の自然を保全すべき理由を、科学的に示すことは難しい。そこは価値観や倫理観が大きなウェイトを占める世界であり、必ずしも自然科学的合理的思考至上主義は通用しないのである。

その島が絶滅しても、その植物が絶滅しても、世界の趨勢（すうせい）に影響はなく、島外にバタフライ効果は及ばず、カリブでハリケーンは生じない。島の生物を守りたいというただひたすらに単純な合意がなければ、対策は進まないのだ。

**ハリケーン**
大西洋および太平洋の赤道より北、東経１８０度より東で生じた熱帯低気圧のうち、最大風速が秒速33メートル以上のものを指す。インド洋や南太平洋で発生したものはサイクロンと呼ばれる。

また、外来種管理といえば聞こえはよいが、その手法は野生化した生物の殺戮という側面が強い。そして、その行為を為すのは、対象生物の特性を十分に理解している人間、多くの場合は生物を愛する人間だ。

生物を殺すという業を背負い、ときには他者から非難され傷つきながら、それでもなお先に進む原動力は、紛れもなく島の生物への愛である。

関係者が守りたいと思い、納税者が納得し、行政が決断し、行為者が腹をくくる。

結局、島を守るのは愛なのである。

### 僕らが島を守るエゴ

繰り返しになるが、気をつけるべきは駆除が目的ではなく手段だという点である。恐ろしいのは、ときに手段が目的化されてしまうことにある。

生態系を保全するために始めた外来種の駆除でも、つい根絶に熱中してしまうことはしばしばある。その結果、予想外の結果が生じることは、すでに述べた通りだ。そもそもなにを守りたいのか、なんのために対策を行うのかを意識し続けないと、成功への道はない。

正直なところ、私も含めて多くの当事者たちがこの失敗を繰り返してきた。だからこそ、先に述べたさまざまな不都合な結果を身を以て知っているのである。

現代において島の生態系保全で最もホットな話題は外来種問題であるからこそ、この話題に多くのページを割いてきた。しかし、これが課題となる背景には、そこに守りたい生態系が存在するという当然の事実があることは忘れてはならない。

島の自然を維持することで、私たちは生態系のバランスの妙を、生物進化の不可思議と合理性の極みを見出すことができる。新たな発見はそれ自体が喜びであり、得られた知識は人類の宝である。この宝物を多くの人と共有したい。私が守りたいのは、在来生物たちが自然に生活し、進化を続けることのできる小さくささやかな世界なのである。

島嶼生物学の知の蓄積は、生物間の関係性を読み解き、外来種対策にも貢献できよう。島から得られた知識により、ここで恩返しが可能になるはずだ。把握された種間相互作用から将来を予測し、最適な方向性を見定めなくてはならない。島に育てられた学問が、未来に向けて島を守る番である。

## トライアングルに消えしもの

バミューダミズナギドリは、その名の通りバミューダ諸島の海鳥である。彼らは発見と同時に、食用のための乱獲や外来のブタやネズミによる捕食にさらされ、１６２０年頃には絶滅したと考えられた。その後、この鳥を見たものはいなかった。

しかし１９５１年、熱意ある研究者たちの探索の末、小さ

**バミューダ諸島**
北大西洋にあるイギリス領の島々。近海には浅瀬や岩礁が多く、周辺海域には多数の沈没船も見られる。

な岩礁で18ペアの繁殖が発見された。じつに300年以上の時を経て、絶滅鳥が復活を遂げた瞬間である。この発見は、海鳥の保全史上に燦然と輝く金字塔として今に語り継がれる。希望を捨てなかった研究者たちは、断片的な記録をもとにこの島の生残を信じ、ひたむきに探索し続けたのである。

その後、ネズミの駆除や人工巣穴の整備が行われ、2011年までに98ペアに増加した。生息地にはネズミが繰り返し侵入し、そのたびに駆除が行われ、保全活動は今も続いている。

絶滅した生物は、外来種を駆除しようが、生息地を復元しようが、決して戻ってはこない。しかし、わずかでも生き残っていれば、再生できるかもしれない。

もちろん、特定の種を守れればそれでよいというわけではない。その種が生態系のネットワークに再び取り込まれ、本来もつ機能を取り戻してこそ、保全の成功といえよう。

これまで人間は、島の生物相に多くのインパクトを与えてきた。永遠に失われてしまったパーツも少なくない。しかし、幸いなことにそこにはまだ踏みとどまっている生物たちがいるのだ。

なぜ生態系を保全するのか。法律がその責務を課しているからか。事実を目の当たりにすれば答えは単純である。

彼らが生き残っているからだ。ただただ子々孫々に多様性の灯火を伝え、英知を永劫に享受できんことを願うばかりだ。

最後は愛。

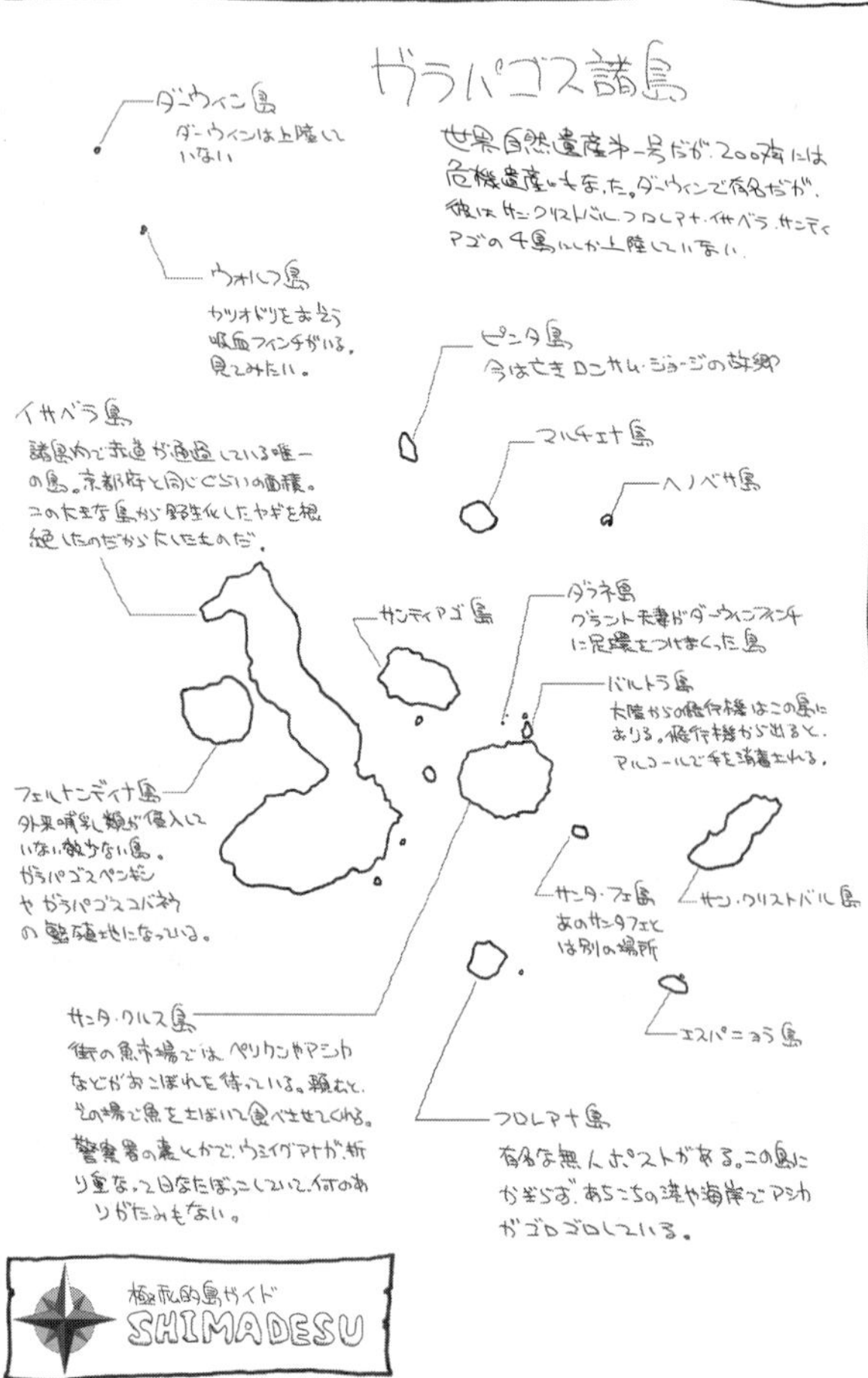
ガラパゴス諸島
世界自然遺産第一号だが、2007年には危機遺産になった。ダーウィンで有名だが、彼はサン・クリストバル、フロレアナ、イサベラ、サンティアゴの4島にしか上陸していない。
ダーウィン島
ダーウィンは上陸していない
ウォルフ島
カツオドリをおそう吸血フィンチがいる。見てみたい。
ピンタ島
今は亡きロンサム・ジョージの故郷
マルチェナ島
ヘノベサ島
イサベラ島
諸島内で赤道が通過している唯一の島。京都府と同じぐらいの面積。この大きな島から野生化したヤギを根絶したのだから大したものだ。
サンティアゴ島
ダフネ島
グラント夫妻がダーウィンフィンチに足環をつけまくった島
バルトラ島
大陸からの飛行機はこの島におりる。飛行機から出ると、アルコールで手を消毒される。
フェルナンディナ島
外来哺乳類が侵入していない数少ない島。ガラパゴスペンギンやガラパゴスコバネウの繁殖地になっている。
サンタ・フェ島
あのサンタフェとは別の場所
サン・クリストバル島
サンタ・クルス島
街の魚市場では、ペリカンやアシカなどがおこぼれを待っている。頼むと、その場で魚をさばいて食べさせてくれる。警察署の裏とかで、ウミイグアナが折り重なって日なたぼっこしていて、何のありがたみもない。
エスパニョラ島
フロレアナ島
有名な無人ポストがある。この島にかぎらず、あちこちの港や海岸でアシカがゴロゴロしている。
極私的島ガイド
SHIMADESU

セグロアジサシ
小笠原・南鳥島

# 第5章 島が大団円を迎える

海の中に島が生まれ、いずれは姿を消す。時間的にも空間的にも有限な世界にさまざまな生物が現れ、楽園を築き、訪れる私たちを喜ばせてくれる。興味の対象を理解したいと思うのは、人の性だ。はたして私たちは島を理解し尽くすことができるのだろうか。

# 1 天地開闢(かいびゃく)

## バタフライ・エフェクト

誠に申し上げにくいことだが、ここまで書いたことは現実に研究成果として積み上げられたものではありつつも、同時にお伽話(とぎばなし)でもある。夢オチは、不思議の国から帰ってきたアリスも経験した伝統的な結末手法だ。なにとぞご容赦いただきたい。

島ではその独特の条件に従い、ユニークな生物相が形成され、さまざまな生物が進化してきている。多分、そうである。私たちはそこに成立した結果を見て、解釈にいそしみ悦に入る。しかし、研究者にできることは「解釈」にすぎない。

解釈にあたって根拠としているのは、あくまでも目の前の結果であり、現状に至る進化の経路や生物相の変遷を実際に見てきたわけではない。ハワイミツスイのくちばしが不自然に細長く曲がっているのは、花の形態との共進化ではなく、デウス・エクス・マキナによる予定調和であったとしても、知る由はない。

もちろん、荒唐無稽な解釈を無闇矢鱈と展開しているわけではない。論理的思考と科学的実験に基づいて、最も合理的なストーリーを捻り出している。しかし、それも統計的に考えて確からしい解釈を選択しているという話である。過去の事象に対する解釈とは、仮定と思考を積み上げて構築した形而上の世界の話であり、決定的な事実ではない。

そして、過去の結果は解釈できても、行く末を予測することが難しいのが、自然という魔物である。

たとえば、シマウマはシマシマだ。その進化的な理由については、ダーウィン以来さまざまな説が呈されている。保護色、涼しい、虫に刺されにくい、見た目がおもしろい、説得

**デウス・エクス・マキナ**
ラテン語で「機械仕掛けの神」という意味。演劇や物語で、話の収拾がつかないときに、脈絡なく、なにかしら絶対的な力をもった存在を出現させ、ご都合主義的に物語を決着させてしまう演出のこと。

**虫に刺されにくい**
２０１５年にカリフォルニア大学の研究チームにより、ハエやアブが縞模様をきらうという実験結果が発表された。暑い地域であるほど縞の数が多くなるとも報告している。

力のある多くの説が存在する。複数の要因が重なって進化してきたと考えても不合理ではない。しかし、過去の要因を提案することはできても、シマシマじゃない動物が将来シマシマになる条件を設計することは不可能である。シマパンダを進化させるために、どこにパンダとタイヤを配置すればいいかは、誰にも予測できないのだ。

進化にしろ、生物相の成立にしろ、結果に至るにはじつに多様な経路があることは、すでにご理解いただいていることだろう。地域的な種構成、時代による環境の変化、緯度や経度、偶発的な自然災害、突然変異の発生、女神様の気まぐれ、多くの変数が作用して経路を決定する。ジョンスン島でゴモラザウルスが進化したのも、

シマパンダに進化。

中国で羽ばたいた蛾の起こした小さな気流に端を発している可能性だって否定できない。

未来は、カオスだ。

## 刮目せよ

デロリアンがあれば、説得力とともに島に関する物語を紡げるだろう。しかし、この装置は1985年に列車と正面衝突して破壊された。ドラえもんに至っては、軍事転用を避けるため政府に秘匿されているとも聞く。もう過去を実見することはできないのだ。

科学者は妄想が大得意だ。思考実験とリアル実験を繰り返し、自然界の事象を見極めようとする。私も妄想だけでご飯を3杯食べるという妄想ができるくらい妄想上手だ。しかし、島を見つめ続けていると、やはり実際の推移を見聞してみたいと思うのが人情である。

**デロリアン**
モデル名DMC-12。映画『バック・トゥ・ザ・フューチャー』シリーズのタイムマシンとして有名だが、アメリカの自動車会社デロリアン・モーター・カンパニーより実際に市販された。現在まで、ときたま再生産されることがある。当初の設定では冷蔵庫がタイムマシンになる予定であった。

研究者の中には、プランクトンや昆虫などを用いて小さな生態系を作り、その中でどのような変化が起こるかを実験している人もいる。孤立した小さな集団の振る舞いは、島の生物相の再現になる。それはそれで興味深いが、成熟した魅力とともに大人の眼を得た私には、残念ながら小さいものは目がかすむ。

相手にするなら、やはり島を単位としたマクロな変化を見極めたいところだ。世の中には、これを実践している研究者もいる。

カリフォルニアでは、マングローブに覆われた小さな島々を徹底的に燻蒸(くんじょう)し、そこに住む昆虫などの節足動物を滅亡の淵に追いやる実験が行われた。昆虫を擬人化したら、さぞや悲劇的な叙事詩を書くことができるだろう。そして、その後にどのような生物が島に定着し、生物相が構築されるかを克明に記録し、島への生物の移入とそこで生じる絶滅の様相を明らかにしたのである。

ガラパゴス諸島ではグラント夫妻らが、大ダフネ島に住む種子食のガラパゴスフィンチに約40年にわたり足環をつけ続け、個体数や形態の変化を記録した。その結果、干ばつにより小さな種子が減り大きく堅い種子が増えた場合には、これを食べやすい大きなくちばしをもつ個体が生き残り、集団全体でくちばしサイズが変化した。高温で多雨の年の後には、小型の種子が増え小さなくちばしをもつ個体が多数派となった。くちばしの形態が子供に遺伝することも確かめられており、自然界の中で環境変化により短期間で形態が進化するという事実が捕捉できたのだ。

進化にもいろいろなレベルがある。タコ型火星人がリトルグレイになるような大きな進化もあれば、吸盤の数が環境変化に合わせて増減するような小規模な進化もある。小進化のスピードは意外と速く、自然選択

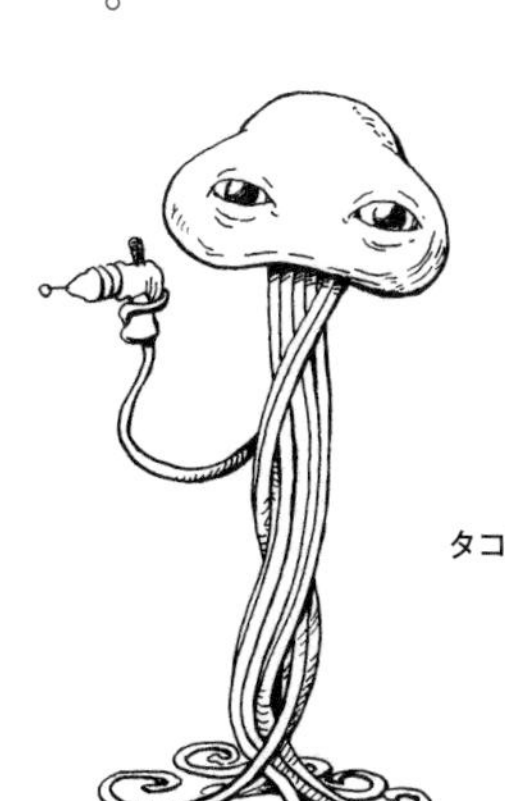

タコ型火星人

という進化的現象が生じる過程を捉えることも、決して不可能ではないのだ。

お伽話は、次第に現実味を帯びてきている。

## イザナミ計画

こうなったら、私も自分の島を育てたい。創造主となり生物相が成立する過程を記録し、進化の推移を見守り、いずれ島民たちに神と崇められたい。

実現のためには、まず島を手に入れなくてはならない。好き勝手をするには私有地に限る。ネットで探すと、島を販売している不動産会社も存在している。今の世の中お金で買えないものはないのかと、少しシニカルな気持ちになるが、科学的知見はプライスレス、お金では買えない価値がある。

島は広くない方がよかろう。広すぎると全体像が捉えがたい。とはいえ私は鳥類学者だ。鳥が住めることを想定すると

50ヘクタールぐらいはほしいところだ。メインランドからの距離が遠すぎると、生物がよそからなかなか移動してこない。私の寿命が尽きる前の速やかな変化を期待するとなると、数百メートル以内に生物の供給源が存在する場所が妥当だろう。

　速やかな変化には海流散布を捕らえるための砂浜がほしい。多様な環境があればより多くの生物が定着できるので、平らな島より少し標高がある方がよい。狭い島なので、標高１００メートルで我慢しよう。

　場所が整ったら、いよいよ生物相のコントロールだ。神のごとく世界を構築するなんて、マッドサイエンティスト冥利（みょうり）に尽きる。旧世界の生物には申し訳ないが、死んでもらおう。

　生物学者とはいえ、私は島の生物を殲滅した経験はない。ホームセンターで手に入る除草剤と殺鼠剤とキンチョールあたりで頑張ってみたい。彼らには心の片隅に特等席を用意し、科学への貢献を末代まで語り継ぎ、毎年の供養を約束する。ただし、薬が残留すると生物が住めるようになるまでに時間がかかり、実験後の売却の査定額にも響くかもしれない。薬品使用は最小限に止めたい。

生物のいない島ができあがったら、こちらのものだ。あとはただただ見守ろうではないか。

声をひそめて待っていると、風に飛ばされた種子やクモ、自力で飛んでくる昆虫などが現れるだろう。波が海浜性植物の種子を砂浜に打ち寄せる。カニやウミガメもウェルカムだ。鳥も現れるが、島にはまだ食物がないのでまた飛んで帰ってしまう。彼らが定住するにはもう少し時間が必要だ。

種子は草原を作り、いつしか有機物が増え植生が広がる。植物に依存する昆虫が増え、土壌の乾燥が抑えられ土壌動物が住み始め、有機物が分解されて肥沃化される。渡り鳥がどこからともなく種子を散布し、ところどころに低木が芽生える。

ここまでざっと数十年。熱帯ならもっと早く進むかもしれない。しかし、私は英語が苦手な日本語原理主義者なので、海外経験を積んでスキルアップなんて気持ちはさらさらない。熱帯は諦めて、このぐらいのスピードで我慢しよう。

森林が育ち小動物や果実や種子が十分に供給されるまで、さらに数十年。森ができればこちらのものだ、生物の多様性が急速に増していくだろう。

自ら創造した静謐なる環境の中、その変化を穏やかに記述するのが老後の楽しみとなる。

### 島流し

ダメだ。これじゃ全然ダメだ。こんなものでは、神産巣日神にも伊耶那美にも相手にされない。神の真似事にもなっていない。

メインランドからの距離が近すぎるのだ。これではできあがるのは、メインランドの出来の悪いコピーにすぎない。功を焦り手軽にすませようとしたのが大きなまちがいだ。

確かに多くの生物が移動してくるだろうが、数百メートルの隔離では移動力の低い生物も偶発的に入り込む。ネズミも野良犬も泳いで侵入し放題、悪ガキの秘密基地となるのが関の山だ。移動力の強い種では頻繁な交流が保たれ、メインランドの集団の一部となってしまう。

島というのは、海で隔離されることで生じる空間だ。海のもつ障壁の役目が低ければ、私の求める島ではない。

そもそも、生物相の変化がある程度予想できてしまう時点で、もうダメだ。予想を確認するためだけの実験にしては、お金がかかる。そんなお遊びはアラブの石油王にでも任せておけばよい。

さらば、わが島。この島は、葦の船に乗せて淤能碁呂(おのごろ)島から流してしまおう。海の向こうで蛭子(ひるこ)殿と仲よくやってもらいたい。

最初からやり直しだ。

## 天地開闢

海が障壁の役割を果たすには、せめて50キロは離したい。このくらいあれば、生物の移動も容易ではない。隔離レベルをあげるため、島の周りにはクラーケンを放し飼いして近づく船はすべて沈める。

群島効果を誘発するため、島は10個はほしい。50ヘクタールでは狭すぎて島なんてすぐに絶滅してしまう。1平方キロから50平方キロで、さまざまな面積の島を用意する。合計100平方キロほどもらっておこう。標高もいろいろほしいところだが、私は業突(ごうつ)く張りではないので、面積に合わせて10〜2千メートルぐらいで我慢しよう。各島には、砂浜もサービスしておく。

土壌の存在は、その後の生物の定着を左右しておもしろくないので、すべて排除だ。すでに除草剤が猛威を振るい裸地となった島では、雨が降れば土が流れ、遠からず基盤となる岩が顔を出すだろう。私はそれを後押しすべく、デッキブラシで窪地の洗浄に努める。

今度こそ、求める島ができた。

声をひそめて待っていると、風に飛ばされた種子やクモ、自力で飛んでくる昆虫などが現れる。残念ながらまだ取り付く土も食物になる昆虫もいない。日陰もなく日差しに焼けた岩の上ですぐに死ぬ。感傷に浸る自分に酔いしれながら、島とは移入と絶滅を繰り返す場所だと日記に書く。

海流は、海浜性植物の種子を砂浜に打ち寄せる。カニやウミガメもウェルカムだ。彼らは、なんとか生きていけるかもしれない。

風に乗り飛来した地衣類が、なにもない岩上に現れるかもしれない。空中から窒素を固定し、地上の栄養条件が改善される。

陸地に依存しない海鳥も早々に繁殖を開始するかもしれな

い。彼らの到来は、母集団からの距離次第だ。岩の隙間にミズナギドリが、岩棚にはアジサシが巣を作る。海岸に漂着した枯れ枝を陸地に運び、巣の周辺で糞をする。おかげで、内陸に有機物が分布を広げる。

風はなおも吹き続け、メインランドから土を運ぶ。岩の隙間にうっすらと土が溜まる。なにしろ土壌が不足している。基盤となる岩が風化して、１００年で１センチぐらい土が増える。風で飛散してくる土と混ざり窪地に土が溜まる。

土の溜まった場所に偶然落ちた種子は根を伸ばし、草が生える。枯れた植物は自らが有機物となって土を肥やす。植食性の昆虫が飛来し、それを食べるクモが定着する。そこまで何百年、何千年かかるだろう。小鳥、トカゲ、陸産貝類、コウモリ、さまざまな生物が到達しては姿を消す。

最初に島に姿を現す生物は、はたしてなんだろう。地衣類か、鳥か、海浜植物か、早い者勝ちである。最初の植物は、最初の脊椎動物は、最初の鳥は、一体どんな種だろう。上空を吹く風向きにより、打ち寄せる波の生まれる場所により、神の采配により、島の運命は変わっていく。最初に成立した生物相により、その後の方向はさらに変わっていく。

島のおもしろさは偶然性にある。予測不能だからこそ魅力が増す。この島では、予想を裏切る生物進化が見られるはずだ。

未来はミステリアスで、だからこそ魅力的だ。

# 2 あなたの島の生まれるところ

## 夢の終わり

とても残念だが、私立淤能碁呂島伝説の結末を確認するには、数万年かかるかもしれない。たとえ創造主であったとしても、私の寿命では置いてけぼりをくいそうだ。なにより、島を買う財力もなければ、ペレに頼んで新たな島を作ってもらうにも紹介状すら持ちあわせていない。

相変わらず妄想は妄想のままだ。

それどころか、多くの人にとっては現実の島々を見に行く機会も多くはないかもしれない。とくに、攪乱の少ない無人島となると、見聞する機会のある人はごく稀だ。日本という島国にいながら、島というものの姿を実感する機会は少なく、

**ペレ**
ブラジルのサッカーの神様ではなく、ハワイ神話の火山の女神のこと。火や踊りなどを司る、情熱的な美人として伝承される。

結局は島の物語は物語のままになる。なんのため島に生まれ、なんのため島に生きるのか、答えられなくてアンパン星人に嫌がられる。

しかし、諦めるのはまだ早い。

もう一度身の周りを見直し、改めて島を探してみよう。島を島らしくしている条件は、障壁に隔離された小面積の生息地ということである。その障壁を海に限定しなければ、世間は島で満ち満ちている。

## 島嶼と共にあらんことを

山に登ると高山にのみ生息する生物がいる。たとえば日本アルプスの高山帯に行けば、ライチョウに出会える。寒冷地に適応した彼らは今でこそ高山に住むが、今より気候が寒冷だった氷河期にはその分布は広かったと考えられている。温暖化が進んだ結果、高山のみに寒冷地が限定され一部の集団がそこに生き残ったのだ。富士山や八ヶ岳にライチョウがいないのは、なんらかの理由で絶滅した後に低地が障壁となり、余所からの移動が妨げられたためだろう。

この挙動は、海水面の上昇により分断化されて生じた島における振る舞いそのものである。ライチョウにとって高山は島、低地は海なのである。山に登りライチョウを観察すれば、すでに気持ちはアイランドだ。

湖沼に住む生物にとっては陸地は不毛な障壁であり、水面こそが島である。我が家の近くには、霞ヶ浦もあれば牛久沼もある。牛久沼には、短距離なら地上移動が可能なカッパやカメがいる。霞ヶ浦には陸上移動を禁じられたタナゴがいる。いや、魚だからといって、池や沼や浦の間が完全に隔離されているわけではない。場合によっては、川や用水路を経路として湖沼間を移動することもある。水草の種なら、カモの足を拠り所として空を移動することもある。冬になればヒッチハイクによさそうなカモたちが、近所の公園の池でボケボケしている。

種によって異なる頻度で障壁を越え、生息地間を移動する。一部のものは特定の内水面に封じられて地域の環境に適応し、一部のものはときに降海と遡上を繰り返して分布を広げ、広域分布種となる。不連続に分布する淡水域は、複数の島々からなる諸島の有様に相違ない。

森林の中に点在する草地、草地に点在する裸地、河川敷に点在する河原、いずれもまた島である。

こうしてみると、自然界には島があふれているのだ。

## アーバンアイランド

自然界のみではない。人間により新たに生まれた都市にも島は存在している。

都市に点在する公園は、島である。

道路に囲まれた家の庭は、島である。

道路の脇にある側溝は、島である。

路上にできた水たまりは、島である。

屋上のコンクリの隙間にたまった土は、島である。

人間の作る障壁は頑健だ。コンクリもアスファルトもレンガもモルタルも、ダンジョンのモンスターのように冒険者の移動を阻害する。しかし、その先には特定の生物にのみ利用可能な小さな生息環境、すなわち島が存在するのだ。

障壁があっても生物たちは拡散する。道のコンクリから大根が生えてニュースになることも珍しくない。放置されたバケツにすらプランクトンが発生し、ボウフラが湧き、カエルが住み着き、いずれネッシーの目撃情報が月刊『ムー』に掲載される。

誰もが越えられるわけではなく、誰もが定着できるわけではない。しかし、わずかな隙間があれば、特定の生物にとっては取り付く島となるのだ。

悠久の時間をかけた進化を見つめ続けるのは、容易ではない。しかし、生活圏内でのミニ島の成立であれば、誰でも目の当たりにできる。プランターに土を入れ、ベランダに置く。なにも植えなくとも、そこにはいつかきっと花が咲く。

それは決して雑草ではない。海を越え島に到達した勇者なのだ。

明日の朝いつも通りに目が覚めたら、いつもの散歩道であなただけの島を見つけてもらいたい。身近な生活の中で、島を見いだすことができたなら、あなたも立派な島類学者だ。


さて、日常の中に島を見つけたら、きっとそれだけでは満足できなくなる。もちろん、遠からず海の向こうの本当の島に行きたくなるはずだ。ここまでは本番を迎えるための鍛錬、エア島類学である。

島に行く機会がないというのは勘違いだ。1年52週間、1泊2日のチャンスは毎週巡り来る。どんなに想像しても、結果はやってみなければわからないと、アントニオ猪木もいっている。いよいよ心身の機は熟し、もはや躊躇(ちゅうちょ)する理由はない。水平線の先は島で満ち満ちている。

島類学者となったあなたの目に映るのは、きっと以前とは少し違う島の姿だろう。葉っぱの小さなトゲにすら、進化のドラマを感じることができる。海辺ではしゃぐパンフレットの宣伝文句とは一味違う、自分だけの島の魅力との出会いに向けて、一歩を踏み出してみてほしい。

そろそろ私の役割も終わりである。島の物語の続きを紡ぐのは、島類学者となった皆さんにお任せしたい。

晴れて自由の身になった私は、やはり諦めずに伊耶那美諸島の創造を目指したい。改めて考えると、必要なのは資金よりも不老不死の妙薬である。

日本では古来、その効能をもつのは人魚の肉と相場が決まっている。養殖物は大概ニセモノだし、妖怪然とした容姿は食欲をそそらない、やはり天然物に限るな。かといって野蛮なことはしたくない。野生のマーメイドと懇意になり、鱗の一枚ももらえれば十分だろう。きっとフレンドリーな人魚たちは、無人島の入江で私のことを待ちわびているに違いない。

ふむ。島に行く理由が、また一つ増えたな。

# おわりに

## ここに島終わり、現始まる

島の生物は、その行動や形態により進化の経緯を物語り、悠久の時間の流れを圧縮して体感させてくれる。私は小笠原諸島で20年にわたり彼らの姿を見てきた。私は島の研究が大好きである。

「研究者は島の財産を使って研究をする。島の資源を消費して自分の成果とし、島にはなにも残さない」

大学三年の時、私は小笠原の母島で島の人の世話になりながら、島の研究を始めた。そこで前述の言葉を耳にしたのである。

もちろん若き私への叱咤激励であり悪口ではない。このセリフとともに生ビールをおごってくれたので、まちがいない。それはともかく、いただいた言葉はまったくその通りかもしれない。所詮研究者は島外からの一時来訪者に過ぎず、成果は学会に持ち出され、島の社会への還元はままならない。私は20年間この言葉を背負いながら研究を続けてきた。

島の研究成果なぞ経済的には毒にも薬にもならない。しかし、研究者は得られた成果から島の魅力を島の内外に吹聴し、自然を守る価値と方法を見出すことができる。多くの人に興味を持ってもらうことは保全の第一歩。この本はその手段であり、私なりの身勝手な恩返しである。私は島の本を書かねばならなかったのだ。

この本に先立ち、私は２０１３年に恐竜に関する本を執筆させてもらった。一介の馬の骨研究者が本を書くチャンスをもらえるのはかたじけないことだ。しかし、私の専門は島嶼の鳥類学である。何故に、恐竜。

釈然としない思いを抱えながらも、嬉々として原稿を執筆した。なにしろ、専門外なので気楽なものである。内容になにをいわれても、いやぁ専門外なので面目ない失礼仕（つかまつ）ったと薄笑いを浮かべておれば、仕方あるまい今後気をつけるのだよと優しく許してもらえる。

しかし今回はそうはいかない。

いよいよ島の本を出版する機会を得、本来は小躍りすべきところだろう。だが、現実はそう晴れやかなものではない。ほかの人はどうか知らないが、専門分野について書くことほどしんどいことはない。なにしろ変なこと書いたら笑われる。お世話になった方々に顔向けできない。こんなことならやるんじゃなかったと幾度となく心折れ、その憔悴（しょうすい）たるや炒めすぎたモヤシの如しである。

島の生物の研究の歴史は古い。有名なダーウィンによるガラパゴス見聞を筆頭に、多くの先人が島の研究に勤しんできた。おかげで関連情報は数多（あまた）ある。情報が多いならさぞや書きやすかろうと思われるかもしれないが、事実は逆だ。

情報が少なければ少数の文献を読むだけですむ。情報が多いといくら読んでも未読文献の深山幽谷は果てを見ず、情報収集を完結するなどおよそ不可能である。私の知らぬ既知の事実は山河に埋もれ、知っているつもりの勘違いが層を成す。こんな状況で堂々と仁王立ちしていられるほど強いハートは持ちあわせていない。

一方で自分なりの島哲学は脳内のあちこちで整理整頓されぬまま蜷局（とぐろ）を巻いている。まとまりはないが蔑（ないがし）ろにもできない。なにしろ、その形なき断片こそが20年間積み上げた私の理解の正体である。

多くの人に島に興味をもってもらいたい。しかし、島の研究に深く関わるほど、その世界のほんの一部しか知らない自分に気づく。思い入れが強いほど、収拾がつかなくなる。だからといってすべてを理解するまでには56億7千万年が経過して、弥勒菩（みろくぼ）

薩が降りてくる。

島の生物たちは今なお進化の途上にある。学問も常に未来への発展途上にある。見切り発車はもう致し方ないことなのである。

ここまで書けば、賢明な読書家のみなさんはすでにお気づきだろう。わざわざいうのも失礼だが、未だ理解を拒むワカランチンもいるかもしれないから、念のためはっきりさせておこう。

冒頭に述べた通り、読書はギャンブルである。この本の内容に不足、不手際、不届き、不十分、不可解、不満足、不愉快等、いかなる不具合を感じても、それはそれ自己責任である。自らの経験値の上昇を歓び、過去に囚われず未来への一歩を潔く踏み出してほしい。独り言にでも不満を口にしようものなら、それは貴方自身の価値を下げ、社会的な地位をも脅かしかねない。お互いのため、最善の方法をとってほしい。

さて、この本を書けたのは、私の研究を支えてくれた大勢の協力者のおかげである。両の指どころか髪の毛を総動員しても足りぬほど多くの方の世話になった。とくに研究の始まりの島である母島の方々には、感謝感激雨霰である。島に一人で降りたち、念力もろくに使えず途方に暮れる私に対し、ガイド、食事、パンツ、住居、バイト、あらゆる施しを与えてくれた。その支援なくば、私は路傍の石と成り果てただろう。

もちろん母島だけでなく、各地のあらゆる島、大学、研究室、学会を始めとしたさまざまな場で、多くの方々の厳しくも温かい協力を得てきた。すべての方の名を挙げることはできないが、みんな大好きだ。

この本では、先人たちの大いなる研究成果の上にあぐらをかいて原稿を執筆した。現代に至るすべての科学者の築いた知の巨人に感謝と賛辞を送りたい。また、文化的側面からの引用をさせていただいたすべての作品のクリエイターにも最大級のお礼を申し上げる。先行する叡智と文化に力の限り乾杯したい。

本の上梓においてはプロフェッショナルたちに支えていただいた。前作を終えた時、次は島の本を作りましょうといってくれた編集の川嶋隆義さんと大倉誠二さん。健康美の溢れるイラストで無味乾燥な活字を彩ってくれたえるしまさくさん。デザインの魔法でページを一枚絵に仕立ててくれた横山明彦さん。細部まで綿密に校正し無知蒙昧を暴露する数々の恥から救出してくれた寒竹孝子さん。内容に不安を覚えた私の原稿を研究面からチェックしてくれた鈴木節子さん、須貝杏子さん、和田慎一郎さん。彼らの活躍が私の幼い活字にエレガントな命を吹き込んでくれた。ありがとう、ありがとう。

そして、島への長期出張と休日も続く執筆を温かく許容してくれた家族たちにもお礼をいいたい。ありがとう、ありがとう。

そろそろお別れの頃合いだが、最後にもう一ついい残したい。この本の最大の目的は、島を理解してもらうことではない。これをきっかけに島に行き、島らしさを体感し、島を好きになってもらうことだ。

この本を閉じたら、それは島への旅の始まりである。

次の機会には、どこかの島の小洒落たカフェテリアでお目にかかろう。その日の機嫌がよければ、ぜひコーヒーの一杯でもご馳走させていただきたい。

2016年6月

川上和人

# 文庫版あとがき

本書が単行本として出版されたのは２０１６年のことだ。その翌年の２０１７年、私は10年ぶりに南硫黄島を訪れた。この島は立ち入りが厳しく制限されており、10年に1度しか行くことができない。

この島の登攀（とうはん）ルートの傾斜は約60度、ところにより90度だ。2泊分の荷物を背負って登るのはなかなかに骨が折れる。

しかし、コペルニクスのおかげで既に天動説の時代は終わりを告げている。私も地動説的思考を駆使してこの急傾斜に立ち向かうことにした。

急傾斜を登るためには、体を上に持ち上げなくてはならない。これが疲労の原因だ。だが、この世界の事象は全てが相対的なものである。そこで地動説を導入してみる。

私が登っているのではなく、島が地球ごと下に移動しているのだと考えるのだ。それならば、私は上下することなく同じ場所で足踏みをしているだけだ。私の足踏みに従って、島が、地球が、それにつられて太陽系が、銀河系が下方に移動しているのである。

よし、これで登るためのエネルギーが不要になり、楽になるはずだ。

ふむふむ、実際にやってみると意外と楽にならないな。

不思議だな。

映画レビュー（ネタバレあり）

それはさておき、2023年2月に映画『バビロン』が日本公開された。このあとがきはネタバレを含むため、未見の方はまず映画をご覧いただきたい。

監督はデイミアン・チャゼル氏である。ショービジネスの世界を舞台とした映画『ラ・ラ・ランド』の監督といえば、おわかりいただけるだろう。今作『バビロン』もまたショービズの世界に魅了された人々の姿を描いている。

時は1920年代、サイレント映画の時代である。ブラッド・ピット演じるジャックは、押しも押されもせぬ人気俳優だ。派手なパーティで酒を浴び、女性をはべらせ、我が世の春を謳歌している。マーゴット・ロビー演じるネリーは野心を燃やす新人女優だ。彼女はパーティに侵入してきっかけをつかみ、スキャンダラスな魅力を武器にスターダムを登りつめる。

しかし、サイレント映画から発声映画トーキーへと時代が変わる。時代の変わり目は残酷だ。新たな技法についていけなかった者はふるい落とされる。ジャックは旧時代の役者に成り下がることに限界を感じて自らその命を絶つ。ネリーは時代が求める貞操観念を拒み、暗い街角に姿を消し、やがて人知れず夭逝(ようせい)する。

時代は流れ、映画はカラーになり、テレビジョンが普及する。光あふれるショービズの世界は倒れた者たちを影に隠しながら華やかさを増していく。

映画産業の黎明期には、まだ教科書的な定石がなかったはずだ。このため俳優になるにしても、人より少し優れた魅力やアイデア、そして行動力があればのし上がることができた。しかし、先駆者たちのすぐれたオリジナリティはやがて技法として定着していく。次世代はそれを手本として学び、安定した演技が可能となる。野心と行動力で成功する時代から、養成学校で教科書的セオリーを身につけていく時代に変化する。そこには自分達が成長させた世界から自らが追放されていくという皮肉な現実が生じる。

しかし、この映画を見て強く心に残ったのは、ショービズの世界の哀愁ではなかった。

「これは、生態学の物語だ！」

映画『バビロン』の感想はこれに尽きる。

## 変わりゆく世界

生態学の世界は近年大きな変化を遂げている。最大の変化は分析技術の発達である。電卓を叩いて平均値の違いを検証していた時代が終わり、誰もがパソコンでプログラミング言語を自在にあやつり華麗に統計解析を行う時代となった。

自然というものは多様な要素で構成された複雑な世界だ。このため、過去の単純な統計処理ではその性質をとらえることに限界があった。しかし、テクニックの発達のおかげで、自然に隠された様々な性質を見出すことができるようになった。おかげでドングリの背丈にも、50歩と１００歩のあいだにも、予想以上の違いがあることが証明されつつある。ことわざ辞典の改訂も待ったなしだ。

いまや誰もがフリーソフトを使い大量かつ複雑なデータを分析できる。これが学問を発展させる原動力となっている。一方で、技術的に可能となったということは、そのレベルの分析が全ての研究に求められることを意味する。

とはいえ私は今年で50歳、四捨五入すれば１００歳だ。織田信長に換算すると二人分を数え、光秀を挟み撃ちすることも夢ではない年齢だ。

経験に基づく修練は年を重ねるほど有利になるが、新手法の習得は若いほど有利だ。近年は最新技術を身につけた優秀な若手研究者の台頭が目覚ましい。ジャックとネリーの気持ちがひしひしと伝わってくる。

そろそろ後進に道を譲り、私もひっそりと姿を消すべきなのかもしれない。学問分野の発展は、必ずしも個人スケールでの研究の発展を意味しない。むしろ、ジャックとネリーのしかばねの上にこそ新たな世界が構築される。同様の変革はあらゆる分野で生じていることだろう。

## ルイス・キャロルの慧眼

技術の発展が目覚ましければ、それが劣化するスピードも弥増(いやま)していく。5年前の手法は時代遅れになり、10年前のテクニックは忘れ去られる。現代の最新技術も10年後には見向きもされないかもしれない。

しかし、たとえ分析技術が変化しようが、100年経とうが、不変の価値を保つものがある。それは分析のもととなる生の事実である。

ある場所に、どんな生物が、どのような状態で、どれだけいるかという記録は、生態学の基礎をなす根幹と言える。その記録が持つ価値は１００年経っても色褪せることはない。

とはいえ、その対象となる自然そのものも変化していく。自然というものは、人間の介入がなければ安定しているように見えるし、実際そのような自然もある。しかし、本書でテーマとした島という環境は非常に不安定で、人間が関わらずとも大きく変化するものだ。

この本が最初に出版されてから7年が経ったが、私はその間にも島の自然の変化を目の当たりにしてきた。

南硫黄島では、10年前に裸地だった場所が密生する灌木林へと遷移していた。本文でも紹介した西之島は、２０２０年の大規模噴火によって島の全域が溶岩と火山灰に覆われた。島の生態系は短期間にダイナミックに変化しているのだ。

私はこの変化の記録をとることで、本文で願っていた淤能碁呂島を期せずして手に入れた。その記録はいずれ新時代の新手法で分析され、自然の持つ新たな側面が照らし出されることだろう。分析手法は時代により変化するかもしれないが、元になる事実が変わることはない。

鏡の国で赤の女王は言った。

「その場所にとどまるためには、全力で走り続けなければならない」

もしも私が南硫黄島で地動説を唱えずに足踏みをやめていたら、島と一緒に宇宙の底まで沈んでいったことだろう。疲労に負けずに足踏みを続けたからこそ、私は沈みゆく宇宙の中で一点に留まることができた。

万物は流転するし、ゆく川の流れは絶えないし、祇園精舎の鐘は鳴る。学問も自然もハリウッドもその法則から逃れられない。

変化する学問の世界で、私は私のなすべきミッションを見つけていこうではないか。島の自然が変化するのであれば、その変化を記録していこうではないか。

そして今年2月、島にまつわる大きな変化があった。これまで6852個とされていた日本の島の数が、国土地理院により実は14125個だと発表がなされた。これもまた測量技術の向上の成果だ。

様々な事象が変化する中でもう一つ変わらぬものがある。それは島の生物学の面白さだ。いや、島の数が倍増したのだから、単純にその魅力の総計は2倍以上になっているると言ってよかろう。

要するにだ。7年の間にいろいろと変化があったけど、これからも島の研究を元気に楽しく続けていきたいなぁと、映画を見ながら改めて思った次第である。

最後になるが、文庫版の出版にあたって編集に尽力いただいた青木大輔氏、いつもながら読みやすいレイアウトを組み直していただいた横山明彦氏、ポップで文句なしのカバー装画を描いていただいた北澤平祐氏、解説の執筆を快くお引き受けいただいた万城目学氏に感謝を申し上げたい。ただし青木大輔氏については、私の所属する研究室に同姓同名の研究員がいて時々混乱するので、どちらか改名してくれたらいいのになぁと思っていることは内緒である。

2023年春

川上和人

# 解説

万城目学（まきめまなぶ）

鳥と島という漢字はとてもよく似ている。

まったくもってお恥ずかしい話だが、本作品の解説の依頼メールを編集者からいただいたとき、タイトルがそこに明記されていたにもかかわらず、私は「鳥の本」だと完全に勘違いしたまま了承の意を伝えてしまった。

もしも電話で依頼を受けていたなら、間違えようがなかっただろうが、いかんせん、パソコンに表示されるメールの文字が小さく、読み違いが発生するのは致し方ない。しかし、本が送られてきて、表紙を眺めても気づかなかった。

序を読み始め、「やけに島について語るな」と不審を感じたところで、ようやく真実にたどり着いた。

これは「島の本」ではないか――。

先入観とはおそろしい。

以前、『ヒトコブラクダ層ぜっと』という長編小説を執筆したとき、複数ある作品内テーマのひとつが「恐竜」だったことから、執筆準備期間に恐竜にまつわる書籍を片っ端から読み漁った。

そのなかに『鳥類学者　無謀にも恐竜を語る』（新潮文庫）があり、くだけた文章の調子でありながら、恐竜について学ぶことが多く、実に楽しい読書になった。この出会いを通して、著者の川上和人氏と言えば鳥！　とすっかり刷りこまれてしまっていたため、依頼のメールや本の表紙にどれほど「鳥」が登場しても、すべて「鳥」へと脳が勝手に変換し、認識していたのである。

誰が悪いのか、と考えた。

漢字が悪い。

そう結論づけざるを得なかった。

そもそも、どうして「鳥」と「島」はこれほど似た外見を有しているのだろう。ご存知の方も多いと思うが、鳥は象形文字だ。鳥の身体がまるっとこの一文字に変化している。上の「白」に似た部分は鳥の顔と目を表し、下の小さな点が四つ並ぶあたりは羽がデフォルメされた結果だ。

ちなみにカラスは漢字で「烏」と書き、鳥に比べて線が一本少ない。カラスの全身が黒いため、「目の部分が見えない」という表現が施されているのだ。

これは拙著『バベル九朔』の作品内に、カラスがわんさか登場することから、執筆前の準備として動物行動学者である松原始氏の著作『カラスの教科書』を読んで知った蘊蓄だ。かように、鳥の専門家による書籍を読んで小説家が情報を得る機会は、おそらく執筆者、及び読者が考えるよりはるかに多い。

話を戻そう。

島は象形文字だ。では、島は何なのか？

私は調べた。

たどり着いた答えに、驚いてしまった。

何と、「島」という字は「鳥」と「山」が合体したイメージから派生したというのである（「嶋」で「しま」と読むのも然り）。すなわち、「鳥だけがたどり着ける、海や湖から突き出した山」が島という漢字の源らしい。

漢字が発生したのは古代中国殷王朝。今からざっと三千五百年前である。水平線に浮かぶはるか彼方の島に、当時の人々は「あそこはどんな土地なんだろう？」と思いを馳せたはずだ。現在のように簡単に船で渡ることもできない。ドローンも飛ばせない。毎日、海の向こうに目にしていても、一生、その島を訪れる機会はない、なんてこともめずらしくなかっただろう。

そんな彼ら、彼女らの頭の上を鳥が飛んでいく。空を翔け、あっという間に海から突き出た山へ渡るのを目にして、いにしえの人々は「島」という文字を作った。島はかつて鳥のものと考えられていたのだ。

ちなみに英語やラテン語の「島」についても調べてみたが、こちらは「水上の陸地」というニュアンスに由来するようで、そこに鳥の要素はまったく介在しない。げに古代中国人の詩的センスのすさまじさよ、と三千五百年を経て改めて感嘆するわけだが、すでに本書を読んだ方なら、この「島」という漢字の成り立ちからして、タイトルである『そもそも島に進化あり』と大いに重なる部分があることにお気づきであろう。

さらには、中国が舞台ならば、海の向こうに見えたのは「海洋島」ではなく、「大陸島」だったのでは？　と島の分類までもが可能になっているはずだ。メインランドから切り離された島ゆえ、はじめから植生が存在し、昆虫や小動物が豊かな営みを続け、鳥が餌場として、繁殖の地として、その島を利用している。それゆえに、鳥が島を目指す姿を人が目撃したわけだ。

本書の第5章にて、著者は「イザナミ計画」と銘打ち、国造り神話に登場する創造主気分で島を誕生させるという、知的なゲームを展開する。そこでわれわれ読者は、本書を通じ習得した、いかにして島が発生し、そこへ生物が進出し、進化し、やがて絶滅していくか――、という一連の流れを下敷きに、誕生からの島の進化を自然とイメージできてしまう自分の姿に驚くことになる。

きっと多くの人々は、本書を読む前は、島なんてものははじめからそこにあるもので、放っておいても自然にあふれ、当たり前のように生き物がわんさかと暮らす場所ぐらいにしか認識していなかったはずだ。しかし、そこに至るまでには何千年、何万年もの歳月が必要であり、海辺に生えた草一本ですらも、すさまじく複雑な生命ののぎあいを経て、今に生き残った屈強なサバイバーなのである。

著者に倣(なら)って、私も少しだけ想像してみる。

もしも、漢字を生み出した古代中国に、人々が視認できる島が海の彼方にひとつしか存在せず、しかも、それが火山の爆発によって海からいきなり誕生した、できたてほやほやの海洋島だったとしよう――。

その場合、「島」という文字は生まれなかったかもしれない。何しろこの島には土がない。土がなければ植物も生えず、虫も鳴かず、営巣地として適さない場合、鳥もガン無視だ。鳥が目指してくれなければ、「鳥」＋「山」のイメージも育たないわけだ。

とにかく岩だらけで殺風景な、海から飛び出した巨大な隆起物――。この新たな地形に対し、古代中国人は「豪放磊落（ごうほうらいらく）」に使われる、「磊」という文字を当てたかもしれない。「磊」は見たとおり石がごろごろしているという意である。「島流し」ではなく、「磊流し」。絶対、帰ってこれなさそうだ。「島人（しまんちゅ）」ではなく、「磊人（らいんちゅ）」。ものすごく強そうだ――。

かように気ままに想像の羽を広げるのは楽しい作業だが、島の生態系の今後を想像するとき、一転、そこに楽しい未来はほとんどないことも、本書は教えてくれる。

それまで何とか均衡を保っていた島の生物たちの生存を脅かすのは、いつだってわれわれ人間の勝手な都合だ。

自分たちが持つ節穴の目には、それらが小さすぎて映らないのをいいことに、島の生物たちの秩序を散々に乱してきた人間たち。狼藉はそれでも止まらない。これからは旧来のパターンに加え、遺伝子を組み替えた生物を放ってしまうという、その影響がいかなる結果を引き起こすのかまだ誰も知らない、より厄介の度合いを増した新たな次元の問題も発生するだろう。

見えないものを見るためには、想像力が必要だ。想像力を働かせるには、その燃料となる正確な知識が必要になる。

実は、私は島巡りが好きだ。今も数年に一回のペースで国内の島を巡っては、地図を片手にひとり、原付バイクや自転車でぐるりと探索することをひそかな趣味としている。これまで、あまたの島を巡ったにもかかわらず、視界に迫る海と陸地の風景ばかりに気を取られ、一度も空を行き交う島に注目したことがなかったことに本書を読んで気がついた。

島にやってくる鳥には理由がある。

鳥がやってくる島にも理由がある。

この知識を得ただけでも、これから島を訪れる楽しみがグンと増す。

たまさか小笠原諸島は未踏なので、今回たっぷりと仕こんだ想像のタネを懐に潜ませ、ぜひ次の機会に訪れてみたい。いいこと、悪いこと。これまで見えていなかったものが、少しは見えるようになっているかも、と期待しながら。

（二〇二三年三月、作家）

## 参考になるかもしれない本 〜島への興味に心を動かされた読者のために〜


青木斌、小坂丈予 編『海底火山の謎　西之島踏査記』（東海科学選書）東海大学出版会、1974年
朝倉彰 編『北マリアナ探検航海記』文一総合出版、1995年
有川美紀子 著『小笠原　自然観察ガイド』山と溪谷社、2010年改訂版
有川美紀子、鈴木創 著『オガサワラオオコウモリ　森をつくる』小峰書店、2011年
有川美紀子 著『小笠原が救った鳥　アカガシラカラスバトと海を越えた777匹のネコ』緑風出版、2018年
アルフレッド・R・ウォレス 著、宮田彬 訳『マレー諸島　オランウータンと極楽鳥の国』新思索社、1995年
伊藤秀三 著『島の植物誌　進化と生態の謎』（講談社選書メチエ16）講談社、1994年
ウィリアム・ソウルゼンバーグ 著、野中香方子 訳『ねずみに支配された島』文藝春秋、2014年
大沢夕志、大沢啓子 著『オオコウモリの飛ぶ島　南の島の生きもの紀行』山と溪谷社、1995年
小野幹生 著『孤島の生物たち―ガラパゴスと小笠原―』（岩波新書 新赤版354）岩波書店、1994年
神谷厚昭 著『地層と化石が語る琉球列島三億年史』（ボーダー新書012）ボーダーインク、2015年
川端裕人 著『ドードーをめぐる堂々めぐり　正保四年に消えた絶滅鳥を追って』岩波書店、2021年
木村政昭 編著『琉球弧の成立と生物の渡来』沖縄タイムス社、2002年
木元新作 著『島の生物学　動物の地理的分布と集団現象』東海大学出版会、1998年
斎藤惇夫 作、薮内正幸 画『冒険者たち　ガンバと十五ひきの仲間』岩波書店、1982年
清水善和 著『ハワイの自然　3000万年の楽園』古今書院、1998年
清水善和 著『小笠原諸島に学ぶ進化論　閉ざされた世界の特異な生き物たち』技術評論社、2010年
ジョナサン・ワイナー 著、樋口広芳、黒沢令子 訳『フィンチの嘴　ガラパゴスで起きている種の変貌』（ハヤカワ・ノンフィクション文庫）早川書房、2001年
田川日出夫 文、松岡達英 絵『生物の消えた島』（科学の本）福音館書店、1987年
千葉聡 著『歌うカタツムリ　進化とらせんの物語』岩波書店、2017年
千葉聡 著『進化のからくり　現代のダーウィンたちの物語』講談社、2020年
千葉聡 著『招かれた天敵　生物多様性が生んだ夢と罠』みすず書房、2023年
チャールズ・ダーウィン 著、島地威雄 訳『ビーグル号航海記』（岩波文庫　青912）岩波書店、1959年
チャールズ・ダーウィン 著、八杉龍一 訳『種の起原』（岩波文庫　青912）岩波書店、1990年
豊田武司 著『小笠原諸島　固有植物ガイド』ウッズプレス、2014年
西川潮、宮下直 編著『外来生物　生物多様性と人間社会への影響』裳華房、2011年
ハラルト・シュテュンプケ 著、日高敏隆、羽田節子 訳『鼻行類　新しく発見された哺乳類の構造と生活』（平凡社ライブラリー289）平凡社、1999年
樋口広芳 著『日本の鳥の世界』平凡社、2014年
藤岡換太郎、有馬眞、平田大二 編著『伊豆・小笠原弧の衝突　海から生まれた神奈川』（有隣新書）有隣堂、2004年
藤原幸一 著『ガラパゴス博物学　孤島に生まれた進化の楽園』（動物百科）データハウス、2001年
古田靖 文、寄藤文平 絵『アホウドリの糞でできた国　ナウル共和国物語』（アスペクト文庫）アスペクト、2014年
細将貴 著『右利きのヘビ仮説　追うヘビ、逃げるカタツムリの右と左の共進化』（フィールドの生物学⑥）東海大学出版会、2012年

水田拓 編著『奄美群島の自然史学　亜熱帯島嶼の生物多様性』東海大学出版部、2016 年
水田拓、高木正興 編『島の鳥類学　南西諸島の鳥をめぐる自然史』海游舎、2018 年
森村桂 著『天国にいちばん近い島』(角川文庫) 角川書店、1994 年
山岸哲 編『マダガスカルの動物　その華麗なる適応放散』裳華房、1999 年
綿貫豊 著『海鳥と地球と人間　漁業・プラスチック・洋上風発・野ネコ問題と生態系』築地書館、2022 年

鹿児島大学生物多様性研究会 編『奄美群島の生物多様性　研究最前線からの報告』南方新社、2016 年
京都大学総合博物館 編『日本の動物はいつどこからきたのか　動物地理学の挑戦』(岩波科学ライブラリー 109) 岩波書店、2005 年
国立科学博物館 編『日本列島の自然史』(国立科学博物館叢書 4) 東海大学出版会、2006 年
東京都立大学小笠原研究委員会 編『世界自然遺産　小笠原諸島―自然と歴史文化―』朝倉書店、2021 年
ＮＰＯ法人日本ガラパゴスの会 著『ガラパゴスのふしぎ』(サイエンス・アイ新書) ＳＢクリエイティブ、2010 年
琉球大学 21 世紀ＣＯＥプログラム編集委員会 編『美ら島の自然史　サンゴ礁島嶼系の生物多様性』東海大学出版会、2006 年
『日本の島ガイド　SHIMADAS』日本離島センター、2019 年

Carlquist, Sherwin J. "Island Biology" Columbia University Press, 1974
Gillespie, Rosemary & Clague, David "Encyclopedia of Islands" University of California Press, 2009
Losos, Jonathan B. & Ricklefs, Robert E. "The Theory of Island Biogeography Revisited" Princeton University Press, 2009
MacArthur, Robert H. & Wilson, Edward O. "The Theory of Island Biogeography" Princeton University Press, 2001
Whittaker, Robert J. & Fernández-Palacios, José María "Island Biogeography: Ecology, Evolution, and Conservation" Oxford University Press, 2007

企画・編集　川嶋隆義　寒竹孝子（STUDIO PORCUPINE）
本文イラスト　えるしまさく
写　真　川上和人　川嶋隆義
図版制作　マカベアキオ　STUDIO PORCUPINE
協力　須貝杏子　鈴木節子　和田慎一郎
資料協力　森林総合研究所
本文デザイン　横山明彦（WSB inc.）

この作品は二〇一六年七月技術評論社より刊行された。

井上理津子著 **葬送の仕事師たち**

「死」の現場に立ち続けるプロたちの思いとは。光があたることのなかった仕事を描破し読者の感動を呼んだルポルタージュの傑作。

磯部涼著 **ルポ川崎**

ここは地獄か、夢の叶う街か？　高齢化やヘイト問題など日本の未来の縮図とも言える都市の姿を活写した先鋭的ドキュメンタリー。

稲垣栄洋著 **一晩置いたカレーはなぜおいしいのか**
—食材と料理のサイエンス—

カレーやチャーハン、ざるそば、お好み焼きなど身近な料理に隠された「おいしさの秘密」を、食材を手掛かりに科学的に解き明かす。

NHKスペシャル取材班著 **日本海軍400時間の証言**
—軍令部・参謀たちが語った敗戦—

開戦の真相、特攻への道、戦犯裁判。「海軍反省会」録音に刻まれた肉声から、海軍、そして日本組織の本質的な問題点が浮かび上がる。

小澤征爾著 **ボクの音楽武者修行**

〝世界のオザワ〟の音楽的出発はスクーターでのヨーロッパ一人旅だった。国際コンクール入賞から名指揮者となるまでの青春の自伝。

岡本太郎著 **青春ピカソ**

20世紀の巨匠ピカソに、日本を代表する天才岡本太郎が挑む！　その創作の本質について熱い愛を込めてピカソに迫る、戦う芸術論。

# そもそも島(しま)に進化(しんか)あり

新潮文庫　か－84－3

令和五年七月一日発行

著者　川上和人(かわかみかずと)

発行者　佐藤隆信

発行所　株式会社新潮社

郵便番号　一六二—八七一一
東京都新宿区矢来町七一
電話　編集部(〇三)三二六六—五四四〇
　　　読者係(〇三)三二六六—五一一一
https://www.shinchosha.co.jp

価格はカバーに表示してあります。

乱丁・落丁本は、ご面倒ですが小社読者係宛ご送付ください。送料小社負担にてお取替えいたします。

印刷・株式会社光邦　製本・株式会社大進堂



ISBN978-4-10-121513-6 C0145